高职高专土木与建筑规划教材

U0183478

房屋建筑学

王 倩 主 编

清华大学出版社
北 京

内 容 简 介

"房屋建筑学"是土木工程类专业必修的一门专业基础课程,是学习建筑空间环境设计原理及房屋各组成部分的组合原理与构造方法的一门综合性技术课程,其主要目的是培养学生掌握建筑设计的初步能力。

本书依据《建筑设计防火规范》(GB 50016—2014)、《屋面工程技术规范》(GB 50345—2012)等相关规范进行编写,本书内容精练,配有大量插图,突出新材料、新结构、新技术的运用,并从理论和原则上加以阐述,既有实用性,又有理论深度。

全书内容共 11 章,分别为概述、民用建筑设计概论、建筑平面设计、建筑剖面设计、建筑体型和立面设计、基础与地下室、墙体、楼梯、楼地面、屋顶、工业建筑设计简介等内容。

本书文字简练,图示直观,内容翔实,便于教师讲授和学生掌握。本书可作为高职高专院校房屋建筑工程专业、房地产管理等专业专科教材,也可以作为自学考试、岗位技术培训的教材,还可以作为水利水电土建管理人员、建筑设计人员和建筑施工技术人员的阅读参考用书。

本书封面贴有清华大学出版社防伪标签,无标签者不得销售。
版权所有,侵权必究。举报:010-62782989,beiqinquan@tup.tsinghua.edu.cn。

图书在版编目(CIP)数据

房屋建筑学/王倩主编. —北京:清华大学出版社,2020.3(2024.8重印)
高职高专土木与建筑规划教材
ISBN 978-7-302-54547-7

Ⅰ. ①房… Ⅱ. ①王… Ⅲ. ①房屋建筑学—高等职业教育—教材 Ⅳ. ①TU22

中国版本图书馆 CIP 数据核字(2019)第 290382 号

责任编辑:石　伟
装帧设计:刘孝琼
责任校对:周剑云
责任印制:刘海龙

出版发行:清华大学出版社
　　　　网　　　址:https://www.tup.com.cn,https://www.wqxuetang.com
　　　　地　　　址:北京清华大学学研大厦 A 座　　邮　　编:100084
　　　　社 总 机:010-83470000　　　　　　　　邮　　购:010-62786544
　　　　投稿与读者服务:010-62776969, c-service@tup.tsinghua.edu.cn
　　　　质量反馈:010-62772015, zhiliang@tup.tsinghua.edu.cn
　　　　课件下载:https://www.tup.com.cn, 010-62791865
印 装 者:三河市人民印务有限公司
经　　销:全国新华书店
开　　本:185mm×260mm　　印　张:16　　字　数:386 千字
版　　次:2020 年 4 月第 1 版　　　　印　次:2024 年 8 月第 5 次印刷
定　　价:49.00 元

产品编号:083370-01

前　言

　　"房屋建筑学"是研究房屋建筑空间组合及建筑构造理论和方法的一门综合性技术课程，是高等院校土木工程等相关专业的学生必须学习的专业基础课，是研究建筑各部分的组合原理、构造方法和建筑空间环境设计原理的一门综合性课程。

　　本书以先进的教育教学理念和方法为指导，注重以就业为导向，以职业能力为本位，以岗位分析和具体工作过程为基础设计学习任务，体现工学结合的教育特色，认真总结土建类专业多年的教材建设经验，在编写时充分体现了去繁就简、适度、够用的原则和能力本位思想，使学生熟悉一般房屋建筑设计原理，具有建筑设计的基本知识，并能按照设计意图绘制建筑施工图；掌握工业与民用建筑构造理论与构造方法；具有从事中小型建筑方案设计和建筑施工图设计的初步能力，并为后续课程奠定了必要的专业基础知识。

　　为了能更好地丰富学生的学习内容并激发学生的学习兴趣，本书每章均添加了大量针对不同知识点的案例，结合案例和上下文可以帮助学生更好地理解所学内容，同时配有实训工作单，让学生及时学以致用。

　　本书与同类书相比具有的显著特点如下。

　　(1) 新：穿插案例，清晰明了，形式独特。

　　(2) 全：知识点分门别类，包含全面，由浅入深，便于学习。

　　(3) 系统：知识讲解前呼后应，结构清晰，层次分明。

　　(4) 实用：理论和实际相结合，举一反三，学以致用。

　　(5) 赠送：除了必备的电子课件、教案、每章习题答案及模拟测试 A、B 试卷外，相应的配套还有大量的讲解音频、动画视频、三维模型、扩展图片等以扫描二维码的形式再次拓展相关知识点，力求让初学者在学习时最大化地接受新知识，最快、最高效地达到学习目的。

　　本书由河南城建学院王倩主编，参加编写的还有湖南工业大学周斌，华诚博远工程技术集团有限公司郭军伟，西华大学孙华，郑州航空工业管理学院岳鹏威，沈阳建筑大学徐长伟，淮阴师范学院董留群，长江工程职业技术学院朱强，其中王倩负责编写第 1 章、第 8 章，并对全书进行统筹，周斌负责编写第 2 章，孙华负责编写第 3 章、第 4 章，郭军伟负责编写第 5 章、第 11 章的 1、2、3 节，岳鹏威负责编写第 6 章，徐长伟负责编写第 7 章，董留群负责编写第 9 章，朱强负责编写第 10 章、第 11 章的 4、5 节，在此对在本书编写过程中的全体合作者和帮助者表示衷心的感谢！

　　本书在编写过程中，得到了许多同行的支持与帮助，在此一并表示感谢。由于编者水平有限和时间紧迫，书中难免有错误和不妥之处，望广大读者批评指正。

编　者

目　录

教案及试卷答案获取方式.pdf

第1章　概述 1

1.1　建筑的含义及建筑的起源 2
　　1.1.1　建筑的含义 2
　　1.1.2　建筑的起源 2
1.2　西方近现代建筑简介 3
　　1.2.1　近代建筑的产生 3
　　1.2.2　现代建筑的兴起 5
1.3　中国建筑的可持续发展 8
　　1.3.1　有关《中国 21 世纪议程》的
　　　　　思考 8
　　1.3.2　中国建筑可持续发展的总体
　　　　　战略和贡献 10
　　1.3.3　建筑节能基本概述 10
　　1.3.4　建筑节能的重要意义 11
　　1.3.5　我国建筑节能展望 12
本章小结 12
实训练习 13

第2章　民用建筑设计概论 15

2.1　建筑的构成要素 16
　　2.1.1　建筑的空间 16
　　2.1.2　建筑的功能 18
　　2.1.3　建筑的物质技术条件 22
　　2.1.4　建筑的形象、形式与风格 28
2.2　建筑物的分类和等级划分 29
　　2.2.1　民用建筑的分类 29
　　2.2.2　建筑物的等级划分 33
2.3　建筑模数 34
2.4　建筑设计的内容 36
　　2.4.1　建筑设计 36
　　2.4.2　结构设计 36
　　2.4.3　设备设计 37

2.5　建筑设计程序 37
　　2.5.1　设计前的准备工作 37
　　2.5.2　设计阶段的深度 38
2.6　建筑设计的要求和依据 38
　　2.6.1　建筑设计的要求 38
　　2.6.2　建筑设计的依据 39
本章小结 41
实训练习 41

第3章　建筑平面设计 45

3.1　建筑平面设计概述 46
3.2　使用部分的平面设计 48
　　3.2.1　使用房间的分类和设计要求 48
　　3.2.2　使用房间的面积、形状
　　　　　和尺寸 49
　　3.2.3　房间平面中的门窗布置 54
3.3　交通联系部分的平面设计 56
　　3.3.1　过道 56
　　3.3.2　楼梯 58
　　3.3.3　电梯与自动扶梯 60
　　3.3.4　门厅、过厅 60
3.4　建筑平面的组合设计 62
　　3.4.1　影响平面组合的因素 62
　　3.4.2　建筑平面组合设计形式 64
　　3.4.3　建筑平面组合与总平面的
　　　　　关系 65
本章小结 66
实训练习 66

第4章　建筑剖面设计 69

4.1　房间的剖面形状 70
　　4.1.1　剖面设计的内容 71
　　4.1.2　使用要求对剖面形状的影响 71

4.1.3 材料、结构形式及施工的
影响 73
4.1.4 室内采光、通风要求的影响 74
4.2 房间各部分高度的确定 75
4.2.1 层高和净高的概念 75
4.2.2 底层地坪标高 75
4.3 房屋的层数 76
4.3.1 使用性质要求 76
4.3.2 建筑结构和材料的要求 76
4.3.3 建筑环境与城市规划要求 76
4.3.4 建筑防火要求 77
4.4 建筑空间的组合与利用 77
4.4.1 建筑空间的组合 77
4.4.2 建筑空间的利用 79
本章小结 81
实训练习 81

第5章 建筑体型和立面设计 83
5.1 建筑形体和立面设计要求 84
5.1.1 反映建筑功能要求和建筑
类型的特征 84
5.1.2 反映结构、材料与施工技术的
特点 85
5.1.3 掌握相应的设计标准和经济
指标 86
5.1.4 适应基地环境和建筑规划的
群体布置 87
5.2 建筑形体的组合 87
5.2.1 建筑形体的分类 88
5.2.2 主次分明、交接明确 89
5.2.3 体型简洁、环境协调 89
5.3 建筑立面设计 90
5.3.1 尺度和比例设计 91
5.3.2 立面的虚实与凹凸设计 91
5.3.3 立面的线条处理 92
5.3.4 材料质感和色彩的配置 93
5.3.5 立面重点与细部处理 94

本章小结 94
实训练习 95

第6章 基础与地下室 97
6.1 地基与基础的基本知识 98
6.1.1 地基与基础的基本概念 98
6.1.2 地基的分类 98
6.2 基础的类型与构造 101
6.2.1 基础的类型 101
6.2.2 基础的埋置深度 104
6.3 地下室的构造 105
6.3.1 地下室的概念和组成 105
6.3.2 地下室的分类 107
6.3.3 地下室防潮 108
6.3.4 地下室防水 109
本章小结 111
实训练习 111

第7章 墙体 115
7.1 墙体类型及设计要求 116
7.1.1 墙体类型 116
7.1.2 墙体的设计要求 119
7.2 墙体的保温隔热与节能构造 120
7.2.1 建筑热工设计分区及要求 120
7.2.2 冬季保温设计要求 121
7.2.3 夏季防热设计要求 122
7.2.4 门窗节能构造 122
7.2.5 围护结构的蒸汽渗透 123
7.2.6 夏热冬冷地区节能墙体
构造 123
7.2.7 外墙绿化技术 124
7.3 墙体的抗震构造 125
7.3.1 一般规定 125
7.3.2 增设圈梁 126
7.3.3 增设构造柱 127
7.4 墙体的细部构造 128
7.4.1 防潮层 128

7.4.2 勒脚 129	9.2.3 地面做法的选择 165
7.4.3 散水与明沟 130	9.3 楼板上的地面与底层地面 172
7.4.4 踢脚和墙裙 131	9.3.1 对地面的要求 172
7.4.5 窗台 132	9.3.2 地面的分类 173
7.4.6 过梁 133	9.3.3 地面的细部构造 173
7.4.7 变形缝 134	9.3.4 木地面的构造 179
7.5 隔墙 135	9.4 阳台和雨篷的构造 181
7.5.1 隔断墙的作用和特点 135	9.4.1 阳台 182
7.5.2 隔墙的常用做法 136	9.4.2 雨篷 186
本章小结 138	本章小结 188
实训练习 138	实训练习 188

第8章 楼梯 141

第10章 屋顶 191

8.1 楼梯的组成和类型 142	10.1 屋顶的作用、类型和设计要求 192
8.1.1 楼梯的组成 142	10.1.1 屋顶的作用与组成 192
8.1.2 楼梯的类型和设计要求 143	10.1.2 屋顶的类型 193
8.2 楼梯的尺寸 145	10.1.3 屋顶的设计要求 194
8.2.1 踏步 145	10.2 平屋顶 195
8.2.2 梯井 146	10.2.1 平屋顶排水 195
8.2.3 楼梯段 146	10.2.2 屋顶的排水组织设计 197
8.2.4 楼梯栏杆和扶手 147	10.2.3 卷材防水屋面构造 197
8.2.5 净高尺寸 147	10.2.4 刚性防水屋面构造 200
8.2.6 休息平台 149	10.3 坡屋顶 202
8.3 台阶与坡道 149	10.3.1 坡屋顶排水 202
8.3.1 台阶组成和尺度 149	10.3.2 坡屋顶构造 207
8.3.2 台阶构造 150	10.4 屋顶的保温与隔热 210
8.3.3 坡道构造 151	10.4.1 屋顶保温 210
本章小结 152	10.4.2 屋顶隔热 212
实训练习 152	本章小结 215
	实训练习 215

第9章 楼地面 155

第11章 工业建筑设计简介 219

9.1 楼地面的构造组成及设计要求 155	11.1 工业建筑概述 220
9.1.1 楼地面的构造组成 156	11.1.1 工业建筑的特点 220
9.1.2 楼地面的设计要求 156	11.1.2 工业建筑的类型 220
9.2 钢筋混凝土楼板构造 158	11.1.3 工业建筑设计的任务
9.2.1 现浇钢筋混凝土楼板 158	和要求 222
9.2.2 预制钢筋混凝土楼板的	
构造 163	

11.2 单层厂房平面设计 223

 11.2.1 总平面设计对平面设计的

   影响 223

 11.2.2 平面设计与生产工艺的

   关系 225

 11.2.3 单层厂房平面形式 226

11.3 单层厂房剖面设计 228

 11.3.1 厂房高度的确定 228

 11.3.2 剖面空间的利用 229

 11.3.3 天然采光 230

 11.3.4 自然通风 231

11.4 单层厂房立面设计及内部空间

 处理 237

 11.4.1 立面设计 237

 11.4.2 内部空间处理 239

11.5 体形组合与立面设计 241

 11.5.1 体形组合 241

 11.5.2 立面设计 241

本章小结 243

实训练习 243

参考文献 246

房屋建筑学　A 卷.docx

房屋建筑学　B 卷.docx

第1章 概　述

【教学目标】

- 了解建筑的含义及建筑的起源。
- 了解近代建筑的产生、现代建筑的兴起。
- 了解有关《中国 21 世纪议程》的思考。
- 掌握中国建筑可持续发展的总体战略。
- 掌握中国建筑可持续发展的贡献。
- 了解建筑节能的重要意义、特征及展望。

第 1 章　概述.pptx

【教学要求】

本章要点	掌握层次	相关知识点
建筑的含义及建筑的起源	1. 了解建筑的含义 2. 了解建筑的起源	建筑的发展史
西方近代建筑简介	1. 了解近代建筑的产生 2. 了解现代建筑的兴起	西方建筑史
中国建筑的可持续发展	1. 了解有关《中国 21 世纪议程》的思考 2. 掌握中国建筑可持续发展的贡献 3. 掌握我国建筑节能的展望 4. 掌握中国建筑节能的意义 5. 掌握中国建筑节能的主要特征	中国建筑

【案例导入】

　　到 20 世纪 20 年代，近代中国的新建筑体系已经形成，从 1927 年到 1937 年的 11 年间，达到了近代建筑活动的繁盛期。随着西方与国内的经济交流，同时也促进了建筑类型的融合，近代建筑类型和近代建筑技术在中国接踵出现，产生了中国近代的新建筑体系，形成了中国近代建筑发展中新旧建筑体系并存，中西建筑风格交汇及其相互渗透、融合的状态。中国建筑在发展的过程中形成了自己独特的风格。

【问题导入】

请结合下文的学习谈谈中国近现代建筑的风格及特点。

1.1　建筑的含义及建筑的起源

1.1.1　建筑的含义

　　"建筑"是建筑物与构筑物的总称，是人们为了满足社会生活需要，利用所掌握的物质技术手段，并运用一定的科学规律、自然学和美学法则创造的人工环境。一般是将供人们生活居住、工作学习、娱乐和从事生产的建筑称为建筑物，如住宅、学校、办公楼、影剧院、体育馆等。而水塔、蓄水池、烟囱、贮油罐之类的建筑则称为构筑物。所以从本质上讲，建筑是一种人工创造的空间环境，是人们劳动创造的财富。建筑学是一门融社会科学、工程技术和文化艺术于一体的综合科学。

建筑的起源.mp4

　　建筑是一个时代物质文明和精神文明的产物。本书所说的建筑是指房屋，专门研究房屋的建筑学就是"房屋建筑学"。房屋建筑学原来是专门研究设计与建造房屋的一门综合性学科，但是由于建筑在材料、结构、施工等方面都已分别成为独立的学科，因此现在的房屋建筑学实际上只研究房屋空间环境的组合设计和构造设计两部分内容。这两部分内容也是建筑工程技术人员必备的基本知识。建筑工作者进行设计的指导方针是"适用、安全、经济、美观"。这个方针又是评价建筑优劣的基本准则。学习过程中应深入理解，并且在工作中贯彻执行。

1.1.2　建筑的起源

　　原始人类基于住在树上和"厂"(这里指上部凸出的峭壁)、洞的生活经验，开始使用粗制石器采伐枝干，借助树木的支撑构筑简陋窝棚，或模拟自然，在黄土断崖上用木棍、石器或骨器掏挖人工的横穴，由这种营造活动，诞生了最原始的人工居住形式——巢居和穴居。人类建造建筑的最初原因是为了居住。人类最初的房屋是用树木搭建而成的，仅仅是为了能够遮风避雨，这只能说是建筑的雏形，如图 1-1 所示。随着人类的进化，建筑领域也出现了越来越多的奇迹。因此，可以说"巢"和"穴"是建筑萌芽时期的两种主要形式，其出现的时间，大约为旧石器时代晚期。

　　随着社会生产力的发展和原始公社的瓦解，世界上先后出现了最早的奴隶制国家：埃及、西亚的两河流域、印度、中国、爱琴海沿岸和美洲中部的国家。公元前 3500 年左右，建立了古埃及王国，并实行奴隶主专制统治，国王法老掌握军政大权。古埃及人迷信人死后会复活并从此得到永生，故法老与贵族们均千方百计地建造能保存自己躯体的陵墓，至今尚存的古埃及建筑仍然以陵墓为主，如吉萨金字塔等。

图 1-1 原始建筑

1.2 西方近现代建筑简介

近现代建筑是建筑发展过程中的一个新阶段，在 200 多年的时间里，在建筑规模、数量、类型、技术、速度上都是以往任何历史时期所不能比拟的。由于社会的发展，促进了近现代建筑的革命，它正以崭新的面貌出现在人们面前，越来越多地体现出功能与科学技术的特征。

1.2.1 近代建筑的产生

1. 形式和内容的变化

随着西方进行了工业革命，西方进入了资本主义时代，迎来了新的发展时期。一方面资产阶级从政治、经济、文化等方面对建筑提出了新的要求，产生了资产阶级专政的国会、法庭和监狱，进行资产阶级经济活动的银行、交易所、市场，从事工业化生产的工厂、企业，进行文化教育的学校、图书馆、博物馆，适应现代生活方式的住宅、旅馆、购物中心等。另一方面，资本主义工业化又为建筑业提供了新材料、新技术和新设备等各种必要的物质条件。可是当时把持建筑领域的却是古典主义的学院派，新的建筑要求、新的功能内容与古典建筑形式矛盾突出。宗教建筑是这一时期建筑成就的最高代表。代表性建筑分别为天主教堂和东正教堂，在形制、结构和艺术上都不同。东正教堂的代表性作品是君士坦丁堡的圣索菲亚大教堂。天主教堂，也被称为哥特式建筑，代表作品是巴黎圣母院，如图 1-2 所示。

2. 重视建筑风格

以前的建筑人们只注重最基本的居住功能，随着经济的发展和人类文明的进步，旧形式和新内容发生矛盾，使德、法、美等国家越来越多的建筑师认识到功能问题在建筑中的重要意义，对功能的重视、按功能进行设计的原则促进了近代建筑的进步。在文艺复兴时期，建筑类型、建筑形制、建筑形式都比以前增多了。建筑师在创作中既体现出统一的时代风格，又十分重视表现自己的艺术个性。总之，文艺复兴建筑，特别是意大利文艺复兴建筑，呈现空前繁荣的景象，是世界建筑史上一个大发展和大提高的时期。

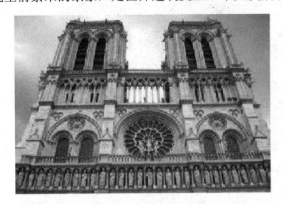

西方近代建筑.docx

图 1-2　巴黎圣母院

一般认为，15 世纪佛罗伦萨大教堂的建成(见图 1-3)，标志着文艺复兴建筑的开端。而关于文艺复兴建筑何时结束的问题，建筑史学界尚存在着不同的看法。有一些学者认为一直到 18 世纪末，有将近 400 年的时间属于文艺复兴建筑时期。另一种看法是意大利文艺复兴建筑到 17 世纪初就结束了，此后转为巴洛克建筑风格。

图 1-3　佛罗伦萨大教堂

意大利以外地区的文艺复兴建筑，其形成和延续呈现着复杂、曲折和参差不一的状况。建筑史学界对其他各国文艺复兴建筑的性质和延续时间并无一致的见解。尽管如此，建筑史学界仍然公认，以意大利为中心的文艺复兴建筑，对以后几百年的欧洲及其他许多地区的建筑风格都产生了广泛而持久的影响。

3. 新的建筑材料和结构

18 世纪中叶开始的工业革命极大地促进了建筑业的发展。1851 年英国伦敦博览会由帕克斯顿设计的"水晶宫"(见图 1-4)，以不到 9 个月的时间展现了工业化装配体系的效率优势；1889 年，为纪念法国大革命一百周年，由工程师埃菲尔设计的纪念铁塔高 328 米，采用了 7000 多吨铁，是当时全世界最高建筑，创造了当时世界上最大跨度建筑 115 米的记录，为当时正在巴黎举办的世界博览会增色不少，也成了世界博览会的标志，如图 1-5 所示。

图1-4 水晶宫

图1-5 埃菲尔铁塔

1.2.2 现代建筑的兴起

19世纪建筑领域出现的这些变化,就其深度和广度来说,在建筑历史上都是空前的。这是一场由产业革命引起的建筑革命。进入20世纪后,建筑技术进一步提高,并且影响到世界更多的地区。正是这个建筑历史上空前的建筑革命孕育了20世纪的现代建筑。

1. 各种各样的建筑类型

随着人类的审美观念的改变,资本主义社会新的生活方式对旧有住宅、学校、剧院等建筑予以改造,新的建筑类型如医院、影院、展览馆、博物馆、车站、航空站等相继出现。如1934年建造的法国柏林西门子单元式公寓,比老式住宅节约用地,又合理地解决了建筑的朝向、通风、隔音等问题,如图1-6所示。随着生产的高度发展,相继又出现了规模日趋庞大的工业企业、超高层办公楼、超级市场、国际贸易中心、会议中心、综合性文化中心、体育中心、科技中心等,如图1-7所示。

现代建筑图片.docx

图1-6 柏林西门子单元式公寓

图1-7 下沉式广场

20世纪20年代末期，洛克菲勒中心广场被认为是美国城市中最有活力、最受人欢迎的公共活动空间之一。该广场宽约17.5米，长约60米，虽然面积不到半公顷，但使用效率很高，在冬天是人们溜冰的场所，其他季节则摆满了咖啡座和冷饮摊。该广场的魅力首先是利用地面高差采用下沉的形式吸引人们的注意。在广场的中轴线尽端，是金色的普罗米修斯雕像，它以褐色花岗石墙面为背景，成为广场的视觉中心。

第二次世界大战以后，正是现代主义风行的时候，现代建筑出现了多样化发展的趋势。其原因是：一方面在20世纪50～60年代世界科学技术和生产力有了新的发展，发达国家的物质生活水平有了很大的提高，社会生活方式也有明显的变化，对建筑和建筑艺术提出了新的要求；另一方面，当初在西欧形成的现代主义建筑在向世界其他地区传播的过程中，遇到不同的自然条件和社会文化环境，也出现相应的变化。新一代的建筑师要求修正和突破20世纪20年代现代主义，导致国际现代建筑协会在1959年停止活动。越来越多的建筑师要求建筑形象更有表现力，他们不再遵从"形式随从功能""少就是多""装饰就是罪恶""住宅是居住的机器"等信条。他们提出建筑可以而且应该有超越功能和技术的考虑，可以而且应当适用装饰，并在一定程度上吸收历史上的建筑手法和样式，现代建筑也应该具有地方特色等。在这样的思想引导下，20世纪50年代西方出现了许多新的建筑流派，其中影响较大的有以美国建筑师E. D. 斯通和M. 雅马萨基(山崎实)为代表的典雅主义，又称新古典主义，以及以英国建筑师史密森夫妇为代表的"粗野主义"。有强调在建筑中运用和表现高技术的"高技术倾向"，强调建筑造型亲切宜人的"人性化"建筑和具有地方民间建筑特色的"地方化建筑"等。此外，还有许多次要的流派，诸如"反直角派""新自由派""雕塑派""感性主义"以及"怪异建筑派"，其中一些流派存在的时间非常短暂。

2. 多变的外形

任何时代的建筑物必须通过一定的形体、空间，以及材料的色彩、质感等才能表现出它的艺术形象。形体、空间、色彩、质感等表现要素是不变的，但我们又很容易把一座近代建筑与一座古典建筑区分开来，这是因为不同时代的建筑师在运用这些表现要素时，所面临的各种条件不同，因而所采用的具体手法也不同。

各种各样的建筑拔地而起，新技术、新构造、新材料的不断应用，建筑物的外形也变得多种多样，体型的组合也变得更加自由，不断追求外形突破，如图1-8所示。

图1-8 各种各样的建筑

3. 简单的几何体和轻巧明快感

简单的几何体源于20世纪初期的西方现代主义。西方现代主义源于包豪斯学派，包豪斯学派提倡功能第一的原则，提出适合流水线生产的家具造型，在建筑装饰上提倡简单，

简单风格的特色是将设计的元素、色彩、照明、原材料简化到最少的程度，但对色彩、材料的质感要求很高。因此，简单的空间设计通常非常含蓄，往往能获得以少胜多、以简胜繁的效果。以简洁的表现形式来满足人们对空间环境那种感性的、本能的和理性的需求，是当今国际社会流行的设计风格。

4. 主要特点

综上所述，现代建筑有以下几个主要特点。

(1) 要求适应性强，灵活性大。

(2) 要求向上、下延伸发展。

(3) 要求关心人，注意建筑环境。

(4) 要求采用新材料、新技术。

(5) 要求有鲜明的个性。

音频.现代建筑的主要特点.mp3

1.3　中国建筑的可持续发展

1.3.1　有关《中国 21 世纪议程》的思考

1992 年 6 月，在巴西里约热内卢召开的联合国环境与发展大会通过的《21 世纪议程》，既是世界各国为保护地球环境、促进地球持续发展而制定的一个共同行动准则，又是实现联合国环境与发展大会目标的重要文献。它为世界各国的社会和经济可持续发展提出了一系列指导原则；反映了世界各国为实现全球可持续发展战略目标，在环境与发展领域进行广泛合作的共识和最高层次的政治承诺。它不仅对未来的全球伙伴关系和国际秩序产生了影响，而且对未来的全球环境与社会经济发展也产生了重要的影响。如果不依据可持续发展的原则和实践来计划和实施正在进行的巨大基础设施建设，那么中国向可持续发展过渡将是不可思议的。

1. 进一步完善《中国 21 世纪议程》

为实现此目标，我们需要聘请一些具有环境与发展工作实际经验和广泛国际合作经历的资深专家就《中国 21 世纪议程》的初稿文本提出修改意见和建议，并请他们提供一些范例研究材料，介绍国际发展趋势和方向，与中国专家一起共同商讨，对目前的文本作某些适当的修改，使其成为一个符合联合国要求和规范的标准文件，并能广泛地为国际社会所接受。

2. 让国际社会更好地了解《中国 21 世纪议程》

为了增进国际社会对《中国 21 世纪议程》的理解和关注，我们希望能与联合国开发计划署(The United Nations Development Programme，UNDP)合作，召开一个《中国 21 世纪议程》的国际研讨会，邀请一些国际知名人士、联合国各机构的负责人，以及一些国际和国内资深专家与会，就中国持续发展战略，包括持续发展的必要性、紧迫性，实现持续发展的基础条件、国家能力建设、优先发展领域，以及政策支持和立法保障，特别是如何获得有效的国际财政和技术援助等内容进行广泛讨论。

3. 制定《中国21世纪议程》优先项目，形成持续发展项目框架文件，以有利于今后的实施

《中国21世纪议程》初稿文本的提出，使《中国21世纪议程》的项目设置有了坚实的基础，但考虑到《中国21世纪议程》含有巨大的数据、资料和信息量，相当庞大复杂，必须慎重地通过系统的分析和研究，在综合考虑国内特点和基本国情的前提下，结合当前国际热点问题和发展趋势，建立中国可持续发展的优先项目库，以此作为《中国21世纪议程》的项目支持系统，并通过对这个项目系统的实施，使中国的社会、经济发展走上可持续发展的轨道。在这方面，我们希望得到国际高层次专家的帮助，在充分研究《中国21世纪议程》文本的基础上，制定项目框架文件，形成优先项目体系，作为我国今后优先实施和对外合作的项目。

4. 期望广泛开辟国际合作渠道，争取国际财政和技术合作

近年来，国际社会的各种多边双边的合作非常活跃，特别是在联合国各机构的共同推动下，环境与发展方面的合作成为热点。许多国际金融机构，如世界银行、亚洲开发银行以及政府间的双边合作机构，都纷纷设立专项基金，如全球环境融资(GEF)、保护臭氧层临时多边基金、21世纪能力基金等，重点支持环境与发展方面的合作，特别是支持与持续发展有关的合作。中国是一个人口众多的发展中国家，技术和经济还比较落后。因此，在实施《中国21世纪议程》的过程中，争取国际社会的支持和合作是十分必要的。在这方面，中国国家科委在近期进行了两方面的工作：一是与联合国开发计划署(UNDP)合作，于2019年10月26日召开了国际捐助国圆桌会议，邀请各驻华使节、有关国际组织的负责人以及一些著名的国际活动家出席。在广泛宣传中国可持续发展战略的基础上，以《中国21世纪议程》的优先项目框架文件吸引各种多边和双边的技术合作，推动《中国21世纪议程》的实施；二是建立一支稳定的具有一定国际合作经验和国际活动能力的国内高层次专家队伍，广泛地开展有关环境与发展问题全球调查和跟踪研究，学习掌握一些主要国家和重要国际组织制定持续发展战略政策的经验，特别是学习掌握对外合作重点领域和方向方面经验。争取有计划、有组织、有目的地开展多种合作形式的洽谈和募捐活动，从资金和技术两个方面，广泛争取国际社会的支持。

总之，我国非常重视《中国21世纪议程》的制定和实施，期望在制定和实施的过程中得到国际社会的广泛关注、理解、支持和合作，更期望得到在座的各委员的广泛支持和合作。

中国可持续发展所要达到的七大目标如下。

① 经济增长。

② 社会平等。

③ 满足人的基本需要。

④ 控制人口。

⑤ 保护资源。

⑥ 开发技术与管理风险。

⑦ 改善环境。

国际上对我国的可持续发展非常关注，因为中国的可持续发展只能成功，其失败对中国和全世界都是灾难性的。

1.3.2　中国建筑可持续发展的总体战略和贡献

1. 总体战略

建筑工程施工可持续发展的研究在我国才刚刚开始，可持续发展是指既满足现代人的需求，又不损害后代人满足需求的能力。换句话说，就是指经济、社会、资源和环境保护协调发展，既要达到发展经济的目的，又要保护好人类赖以生存的自然资源和环境，促进人与自然的和谐，推动整个社会走上生产发展、生活富裕、生态良好的文明发展道路。可持续发展与环境保护既有联系，又不等同，环境保护是可持续发展的重要方面，但可持续发展主要强调的是发展。

中国建筑可持续发展从总体上要符合国家可持续发展战略的背景、必要性、战略思想与指导原则，并确定一定的发展目标和社会目标(以国家有关建筑规划和目标纲要为准)。对策重点是：建立相关的法律体系，保障社会公众了解中国建筑可持续发展的经济、技术和税收政策，建立发展专项基金，对可持续建设思想、手段和技术进行深入研究；强调教育与能力建设，注意人力资源开发和建筑科技的作用，提高全民(建材商、业主、官员、设计师、使用者等)的建筑可持续发展意识。

2. 中国建筑可持续发展的贡献

1) 资源方面

维护地球资源、维护生物多样性，确保资源的可持续利用。

2) 环境方面

环境方面主要表现为减少环境污染和生态破坏两大类。加强环境保护，并促进经济增长方式转变、消除贫困、推动社会全面进步。保护自然资源基础和环境，提高和维持生态系统的持续生产力，在建筑策划、设计、施工、运行的过程中，重视单体建筑、社区、城市、区域发展的综合开发治理，保证生物多样性。减少温室气体、臭氧层破坏气体的排放量。节约使用我国、全球各种有限资源和不可再生资源，尤其是水、土地和不可再生资源。减少建筑及相关产业的废物量。

3) 经济贡献

促进建筑业经济的稳定、可持续发展，为国民经济做出贡献。在建材工业中积极推广清洁生产，在建筑施工和企业中实施新的环保标准，创造新的环保产业，提高建筑能效和节能，积极开发利用新的能源和可再生能源；加强农村建筑业的管理，从粗放引导向集约经营，发展农村建筑业。

1.3.3　建筑节能基本概述

1. 建筑节能的含义

建筑节能即在建筑中节省能源，意思是要减少能量的散失。要提高建筑中的能源利用效率，不是消极意义上的节省，而是从积极意义上提高利用效率。

2. 范围

我国建筑节能的范围现已与发达国家取得一致，从实际条件出发，当前的建筑节能工作，集中在建筑采暖、空调、热水供应、照明、炊事、家用电器等方面，并与改善建筑舒适性相结合。

节能建筑图片.docx

3. 节能建筑的主要特征

节能建筑主要指标有：建筑规划和平面布局要有利于自然通风，绿化率不低于 35%；建筑间距应保证每户至少有一个居住空间在大寒日能获得满窗日照两小时等。在资源得到充分有效利用的同时，使建筑物的使用功能更加符合人类生活的需要，创造健康、舒适、方便的生活环境是人类的共同愿望，也是建筑节能的基础和目标。

为此，21 世纪节能建筑的特征如下。

(1) 高舒适度。由于围护结构的保温隔热和采暖空调设备性能的日益提高，建筑热环境将更加舒适。

(2) 低能源消耗。采用节能系统的建筑，其空调及采暖设备的能源消耗量远远低于普通住宅。

(3) 通风良好。自然通风与人工通风相结合，空气经过净化，新风"扫过"每个房间，通风持续不断，换气次数足够，室内空气清新。

(4) 光照充足。尽量采用自然光、天然采光与人工照明相结合。

1.3.4 建筑节能的重要意义

建筑节能是落实以人为本，全面、协调、可持续的科学发展观，减轻环境污染，实现人与自然和谐发展的重要举措；是调整房地产业结构和转变建筑业增长方式，转变经济增长方式，促进经济结构调整的迫切需要；是按照减量化、再利用、资源化的原则，促进资源综合利用，建设节约型社会，发展循环经济的必然要求；是进一步改善人民生活与工作环境，走生态良好的文明发展道路的重要体现；是节约能源，保障国家能源安全的关键环节；是探索解决建设行业高投入、高消耗、高污染、低效率的根本途径；是改造和提升传统建筑业、建材业，实现建设事业健康、协调、可持续发展的重大战略性工作。

音频.建筑节能的
意义.mp3

建筑节能是关系到我国建设低碳经济、完成节能减排目标、保持经济可持续发展的重要环节之一。要想做好建筑节能工作、完成各项指标，我们需要认真规划、强力推进，踏踏实实地从细节抓起。

建筑节能工作复杂而艰巨，它涉及政府、企业和普通市民，涉及许多行业和企业，涉及新建筑和老建筑，实施起来难度非常大。在建筑节能的初期推进过程中，我们一定要付出精力、成本和代价。从这几年的实践效果看，仅靠出台一些简单的要求、措施和办法，完成建筑节能任务和指标很有难度，这就需要我们再思考，进行比较充分、细致、深层次的研究，找出其症结所在。

对于新建建筑要严格管理，必须达到建筑节能标准，这一点不能含糊；对于既有建筑

的节能改造要力度大、办法多，多推广试点经验，采取先易后难、先公后私的原则。在房屋建造过程中，建筑节能要重点解决好外墙保温、窗门隔温等问题，很多建筑漏气都出现在这方面。另外，能利用太阳能的建筑应最大限度地使用这一资源，并在设计过程中实现太阳能与建筑一体化，增加建筑的和谐度和美观度；全面推行中水利用和雨水收集系统，大力推进废旧建筑材料和建筑垃圾的回收利用，使资源能够得到充分利用。

1.3.5 我国建筑节能展望

建筑节能是有效解决我国能源相对不足的重要措施，同时也可以有效提高中国节能建筑的利用潜力。建筑节能是减少环境污染、促进经济发展最廉价、最直接的一条途径，同时它也是深化经济体制改革、减轻生活环境污染、改善人民工作生活条件的一项重要措施。下面根据中国建筑节能工作的发展趋势，总结最近几年来在完善建筑节能工作的情况，具体分析如下。

音频.建筑节能的展望.mp3

其一，我国出台了《建筑节能 2010 年规划和"九五"计划》和《建筑节能技术政策》两部法律，其对于促进建筑节能技术的发展，完善各个地区的建筑节能工作具有巨大的推动作用。

其二，由于中国经济的不断发展，购房方面的支出已经成为促进经济增长的重要部分，同时我国住房货币化政策的推行，使得人们对完善建筑热环境方面的措施存在热切的需求。最近几年，北方用于采暖的能源消耗的比例占总能源消耗的重要部分，标志建筑节能工作也开始走上正轨。而加快节能示范村、示范区、示范建筑的建设，可以使南方的大部分地区的建筑节能工作也得到完善，同时也可以使人民群众在日常生活中感受到建筑节能的重要性，进而促进中国建筑节能行业的快速发展，使人民可以得到实惠，从而提高人民的生活水平。

其三，要想促进建筑节能的发展，不仅需要人民群众的帮助，还需要政府机构的大力支持，而且建筑节能的发展方向也需要政府进行宏观调控。只有各个地区政府领导对建筑节能加以重视，并且加强建筑节能工作的监督控制，才能使建筑节能工作不断进步。

其四，建筑节能是国际上建筑发展的大趋势、大潮流，也是实现可持续发展战略的重要举措。就目前建筑节能的发展水平而言，中国建筑节能工作许多环节无法与西方国家持平，但是只要我们在落实政策、健全组织、完善技术等方面进行改革，就能接近或者与西方国家的节能水平进行持平，使建筑节能工作实现预期的目标。

📋 ✓ 本章小结

本章主要介绍了建筑的含义及建筑的起源，近代建筑的产生、现代建筑的兴起，有关《中国 21 世纪议程》的思考，同时，还介绍了中国建筑可持续发展的总体战略，中国建筑可持续发展的贡献，建筑节能的重要意义、特征及展望。通过本章的学习，使同学们能够懂得中国近现代建筑的风格以及了解未来建筑的发展。

实训练习

一、单选题

1. 建筑是建筑和构筑物的总称，下面全属于建筑物的是(　　)。
   A. 住宅、电塔　　B. 学校、堤坝　　C. 工厂、商场　　D. 烟囱、水塔
2. 下面属于民用建筑物的是(　　)。
   A. 幼儿园　　　　B. 养老院　　　　C. 宿舍　　　　　D. 旅馆
3. 建筑的三个要素中起着主导作用的是(　　)。
   A. 建筑功能　　　B. 建筑技术　　　C. 建筑形象　　　D. 建筑经济
4. 建筑物中属于非承重构件的是(　　)。
   A. 门窗　　　　　B. 墙　　　　　　C. 梁　　　　　　D. 柱
5. 21世纪节能建筑的特征是(　　)。
   A. 高大　　　　　B. 智能　　　　　C. 低能耗　　　　D. 外观大方

二、多选题

1. 建筑是指什么的总称? (　　)
   A. 建筑物　　　　　　　B. 构造物　　　　　　　C. 房屋
   D. 土建　　　　　　　　E. 以上答案都不对
2. 建筑的基本要素有哪几方面? (　　)
   A. 建筑功能　　　　　　B. 建筑能力　　　　　　C. 建筑技术
   D. 建筑形象　　　　　　E. 以上答案都不对
3. 建筑物按建筑使用功能分为(　　)。
   A. 工业建筑　　　　　　B. 农业建筑　　　　　　C. 民用建筑
   D. 家庭建筑　　　　　　E. 教学建筑
4. 建筑设计包括哪几个方面的内容? (　　)
   A. 建筑设计　　　　　　B. 结构设计　　　　　　C. 形象设计
   D. 节能设计　　　　　　E. 环保设计
5. 民用建筑可分为(　　)。
   A. 居住建筑　　　　　　B. 公共建筑　　　　　　C. 工业建筑
   D. 房屋建筑　　　　　　E. 以上答案都不对

三、简答题

1. 简单叙述近现代建筑的含义。
2. 简单叙述建筑的起源。
3. 简单叙述建筑节能的展望。

第1章课后答案.docx

<h1 align="center">实训工作单</h1>

班级		姓名		日期	
教学项目		建筑的含义及建筑起源			
任务	掌握中国建筑可持续发展的总体战略 掌握中国建筑可持续发展的贡献		方式	中国建筑未来建筑的展望	
相关知识			近现代建筑的发展史		
其他要求					
绘制流程记录					
评语				指导老师	

第 2 章　民用建筑设计概论

【教学目标】

- 了解建筑的构造要素。
- 掌握建筑物的分类和等级划分。
- 了解建筑模数。
- 掌握建筑设计的内容。
- 掌握建筑设计程序。
- 了解建筑设计的要求和依据。

第 2 章 民用建筑设计概论.pptx

【教学要求】

本章要点	掌握层次	相关知识点
建筑的构造要素	1. 了解建筑的空间 2. 掌握建筑的功能 3. 掌握建筑的物质技术条件 4. 掌握建筑的形象、形式与风格	建筑的技术
建筑物的分类和等级划分	1. 掌握民用建筑的分类 2. 掌握建筑物的等级划分	建筑物的特点
建筑物设计的内容	1. 掌握建筑设计基础知识 2. 掌握结构设计基础知识 3. 掌握设备设计基础知识	建筑的构造
建筑物设计程序	1. 了解设计前的准备工作 2. 掌握设计阶段的深度	建筑设计
建筑设计的要求和依据	1. 了解建筑设计的要求 2. 了解建筑设计的依据	建筑设计

【案例导入】

　　广义的建筑设计是指设计一个建筑物或建筑群所要做的全部工作。由于科学技术的发展，在建筑上各种科学技术成果的利用越来越广泛深入，设计工作常涉及建筑学、结构学以及给水、排水、供暖、空气调节、电气、燃气、消防、防火、自动化控制管理、建筑声学、建筑光学、建筑热学、工程估算、园林绿化等方面的知识，需要各种科学技术人员的

密切协作。

但通常所说的建筑设计，是指"建筑学"范围内的工作。它所应解决的问题，包括建筑物内部各种使用功能和使用空间的合理安排，建筑物与周围环境、与各种外部条件的协调配合，内部和外表的艺术效果，各个细部的构造方式，建筑与结构、建筑与各种设备等相关技术的综合协调，以及如何以更少的材料、更少的劳动力、更少的投资、更少的时间来实现上述各种目标。其最终目的是使建筑物做到适用、经济、坚固、美观。

以建筑学作为专业，擅长进行建筑设计的专家称为建筑师。建筑师除了精通建筑学专业，做好本专业工作之外，还要善于综合各种有关专业提出的要求，正确地解决设计与各个技术工种之间的矛盾。

【问题导入】

结合课本的学习，谈谈你对建筑设计的理解。

2.1　建筑的构成要素

构成建筑的要素有三个：建筑功能、建筑技术、建筑形象。

建筑功能：建筑功能是指建筑物在物质和精神方面必须满足的使用要求。

建筑技术：建筑技术是建造房屋的手段，包括建筑材料与制品技术、构造技术、施工技术、设备技术等，建筑不可能脱离技术而存在。

音频.建筑的构成要素.mp3

建筑形象：构成建筑形象的因素有建筑的体型、内外部的空间组合、立体构面、细部与重点装饰处理、材料的质感与色彩、光影变化等。

2.1.1　建筑的空间

建筑空间是为了满足人们生产或生活的需要，运用各种建筑主要要素与形式所构成的内部空间与外部空间的统称。它包括墙、地面、屋顶、门窗等围成建筑的内部空间，以及建筑物与周围环境中的树木、山峦、水面、街道、广场等形成建筑的外部空间。

建筑空间.mp4

建筑空间被认为是建筑的最基本内容，建筑的特性就在于它使用这种将围合在其中的三度空间形式来表达自己的使用价值和艺术价值，并且这些价值只能通过直接的体验才能领会和感受，而体验的过程又必须是一个时间的延续，这就为建筑空间增添了新的一度，而使之成为四度空间。因而，创造完美的建筑空间和创造完美的建筑形式一样，对于建筑设计至关重要。

1. 内部空间与外部空间

建筑空间又可分为内部空间和外部空间。

内部空间通常由六个面(地面、顶棚和四个墙面)围合而成，建筑的空间概念在肯定"空间"的主导性时，也不否定构筑空间实体的积极作用。建筑是由实体和空间共同构成。人们居住、生活、工作在房屋之中，即建筑的实体(地板、天棚、四壁)所围合的空间中。实体部分作为一种物质对象、工具，它的目的、作用在于廓出空间部分，为人们提供各种活动的环境，如图 2-1 所示。

图 2-1　内部空间

内部空间.mp4

外部空间即城市空间，如图 2-2 所示，通常由建筑物的外墙面以及其他人为物和自然物围合而成，有时又被称为"没有屋顶的房间"。

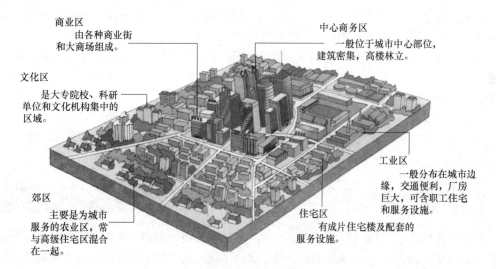

商业区
由各种商业街和大商场组成。

中心商务区
一般位于城市中心部位，建筑密集，高楼林立。

文化区
是大专院校、科研单位和文化机构集中的区域。

工业区
一般分布在城市边缘，交通便利，厂房巨大，可含职工住宅和服务设施。

郊区
主要是为城市服务的农业区，常与高级住宅区混合在一起。

住宅区
有成片住宅楼及配套的服务设施。

图 2-2　城市空间

不考虑经济、社会和技术方面的因素，明显的，单靠空间本身，虽然建筑空间是建筑的主要因素，也不足以决定建筑的价值。单纯依赖美丽的装饰不可能创造完美的空间效果，这是毋庸置疑的。而要创造美观的空间环境，如果没有对四周墙面的恰当处理，也无从谈起。一个布局合理的房间被恶劣的配色、不相称的家具和糟糕的照明效果所破坏的情况也不少见。这些次要的因素是较容易改变的，而空间则

外部空间.mp4

是固定的。然而对建筑物的审美评价既要看建筑特有的性质，也要看各种次要的因素，如一些附加空间的装饰，包括绘画、雕刻、家具及其他因素等。

2. 建筑空间的分类

1) 封闭空间

用限定性比较高的围护实体(承重墙、各类后砌墙、轻质板墙等)围合起来，在视觉、听觉等方面具有很强的隔离性的空间称为封闭空间。封闭性割断了与周围环境的流动和渗透，其特点是内向、收敛和向心的，有很强的区域感、安全感和私密性，通常也比较亲切。

2) 开敞空间

开敞空间的开敞程度取决于有无侧界面、侧界面的围合程度、开洞的大小及启闭的控制能力等。相对封闭空间而言，开敞空间的界面围护的限定性很小，常采用虚面的形式来围合空间。开敞空间是外向性的，限定度和私密性小，强调与周围环境的交流、渗透，通过对景、借景等手法，与大自然或周围空间融合。与同样大小的封闭空间比较，开敞空间显得更大一些，心理效果表现为开朗、活跃，性格是接纳性的。

3) 固定空间

固定空间一般是在设计时就已经充分考虑了它的使用情况，功能明确、位置固定、范围清晰肯定、封闭性强的空间，可以用固定不变的界面围合而成，常用承重结构作为它的围合面。

4) 可变空间

可变空间则与固定空间相反，可以根据使用功能的不同需要而改变其空间形式，是受欢迎的空间形式之一。可变空间的优点主要体现在以下几方面。

(1) 适应社会不断发展变化的要求，适应快节奏的社会人员变动而带来空间环境的变化。

(2) 符合经济的原则。可变空间可以随时改变空间布局，适应使用功能上的需要，从而提高空间使用的效率。

(3) 灵活多变性满足了现代人求新、求变的心理。如多功能厅、标准单元、通用空间及虚拟空间都是可变空间的一种。

2.1.2 建筑的功能

建筑的使用要求，如居住、饮食、娱乐、会议等各种活动对建筑的基本要求，是决定建筑形式的基本因素，建筑各房间的大小、相互间联系方式等，都应该满足建筑的功能要求。在古代社会，由于人类居住等活动分化不细，建筑功能的发展也不是十分成熟，如中国古代木构架大屋顶式建筑形式几乎可以适用于当时所有功能的建筑，包括居住、办公。由于社会向建筑提出各种不同的功能要求，于是就出现了许多不同的建筑类型。各类建筑由于功能要求的千差万别，反映在形式上也必然是千变万化的。如图 2-3 所示为欧洲老城广场。

在所有建筑中，功能一般表现为建筑的内容，而空间则体现为建筑的形式，因此功能与空间的关系可以用哲学上"内容与形式"的辩证统一原理来加以解释，一方面，功能决定着空间的形式，另一方面，空间的形式对功能又具有反作用。

图 2-3　欧洲老城广场

功能与空间上的联系主要有以下几个方面。

1)　功能决定空间的"量"

所谓空间的"量"，是指空间的大小和容量。在实际工作中，一般以平面面积作为空间大小的设计依据。根据功能的需要，一个空间要满足基本的人体尺度和达到一种理想的舒适程度，其面积和空间容量应当有一个比较适当的上限和下限，在设计中一般不要超过这个限度。例如在住宅设计中，一间普通的居室面积为15～20平方米，起居室是家庭成员最集中的地方，而且活动内容也比较多，因此面积应最大，餐厅虽然人员相对集中，但由于只在进餐时使用，所以面积可以比起居室小，厨房通常只有少数人员同时使用，卫生间则更是如此，因而只要容纳必要的设备和少量活动空间即可满足需求。

对于公共建筑，一间40～50人的教室需要50平方米左右，一个1000座位的影剧院观众厅则需要750平方米左右，由此可见，不同的使用功能直接决定了所在空间的大小及容量。如图2-4所示为矩形普通教室的尺寸。

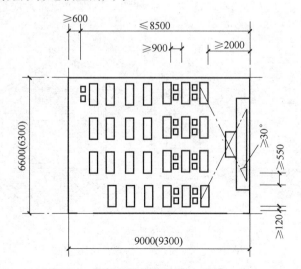

图 2-4　矩形普通教室的尺寸(单位：mm)

2) 功能决定空间的"形"

所谓空间的"形",是指空间的形状。除了空间的大小和容量外,空间的形状也同样受功能的制约。虽然说在满足使用功能的前提下,某些空间可以被设计成多种形状,然而对于特定环境下的某种使用功能,总会有最为适宜的空间形状可供选择,这本身就是一个优化组合的过程。

仍然以教室为例,如果确定面积为 50 平方米左右,其平面尺寸可以为 7 米×7 米,6 米×8 米,5 米×10 米,4 米×12 米,如何进行选择呢?我们知道,教室首先应满足视听效果,长宽比过大会影响后排的使用,过宽会使前面两侧座位看黑板时出现反光现象,因此通过比较,6 米×8 米平面尺寸能较好地满足使用要求。如图 2-5 所示为满足视听要求的教室形状和尺寸。

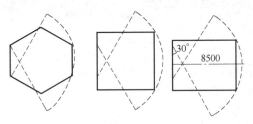

图 2-5 满足视听要求的教室形状和尺寸

同样是上述尺寸,如果换成幼儿园活动室,由于幼儿活动的灵活多样,接近于方形的平面尺寸通常被较多地选用。反之如果是会议室,略为长方形的空间形状更有利于功能的使用。

功能的制约与建筑空间的灵活多样并不矛盾。空间的形状是多种多样的,除矩形外,圆形、梯形、多边形、三角形甚至球形都可用作建筑空间的形状,有些功能特点对于使用空间的形状要求并不严格,设计师可以根据形体组合的要求、地形环境的限制甚至个人的喜好进行多种选择,这也正是建筑形体丰富多样的原因之一。然而不可否认的是,不论如何选择,使用功能应该是首要的制约条件,那种随意牺牲功能而片面追求空间形体变化的设计手法是不可取的,如图 2-6 所示。

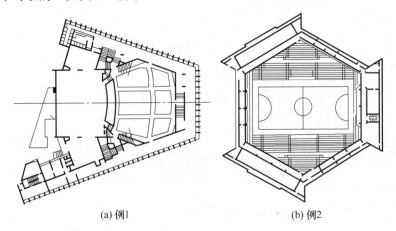

(a) 例1   (b) 例2

图 2-6 特殊平面形状的房间

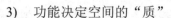

3) 功能决定空间的"质"

所谓空间的"质"，主要是指满足采光日照、通风等相关要求。当然遮风避雨、抵御寒暑几乎是一切建筑空间所必备的条件，某些特定的空间有防尘、防震、恒温、恒湿等特殊要求，主要是通过机械设备和特殊的构造方法来保证，而对于一般建筑而言，空间的"质"主要涉及开窗和朝向等问题。不同的空间，由于功能要求的不同，需要不同的朝向和不同的开窗处理方式；而同样尺寸的空间，由于朝向和开窗的处理方式不同，则会带来不同的使用效果。

以开窗为例，其基本目的是为了采光和通风，当然也有立面的需要，而开窗面积的大小主要取决于功能(采光亮度)的需要。一般来说，居室的窗地比(开窗面积与房间面积之比)为 1/10～1/8 就可以满足要求，而阅览室对采光的要求比较高，其窗地比需要达到 1/6～1/4，普通教室介于上述二者之间，一般为 1/8～1/6。当然在满足使用的前提下根据立面效果的要求作适当调整是允许的，比如为了整体建筑效果的统一，教室、阅览室可以选择方窗或带形窗，局部可以使用落地窗，但是如果片面地追求立面效果而不顾内部空间的使用要求任意开窗肯定是不合适的。例如，把图书馆的书库全做成落地窗甚至玻璃幕墙，就很难满足书籍长期保存所需的恒温、恒湿和防紫外线等要求。如图 2-7 所示为安藤的作品"光的堂"。

图 2-7 "光的堂"

不同的功能需要还会影响到开窗的形式，从而对具体的空间形式产生制约性。一般建筑最常用的为侧窗，采光要求低的可以开高侧窗，采光要求高的可以开带形窗或角窗。一些进深大的空间在单面开窗无法满足要求时，也可以双面开窗，一些工业厂房由于跨度大，采光要求又高，除了开设侧窗外，还必须设开窗。还有些特殊的空间如博物馆、美术馆的陈列室，由于对采光质量要求特别高，即要求光线均匀又不能产生反光、眩光等现象，则必须考虑采用特殊的开窗形式。

与开窗手法相同，在使用功能的制约下，建筑空间中门的设置及朝向的选择等措施都能给空间的形态带来质的变化。以朝向为例，不同性质的房间，由于使用要求不同，有的必须具备较多的日照条件，有的则应尽量避免阳光的直接照射。居室、幼儿园的活动室、医疗建筑的病房等，为促进健康，应当力争有良好的日照条件；而博物馆的陈列室、绘画

室、化学实验室、书库、精密仪器室等为了使光线柔和均匀或出于保护物品免受损害、变质等考虑，则应尽量避免阳光的直接照射。因此前一类房间争取朝南，而后一类房间则最好朝北。

开窗的手法和朝向的选择是从质的方面来保证空间功能的合理性，而空间的"质"也会影响到空间的"形"，不同的开窗形式、不同的朝向、不同的明暗光线会使空间产生开敞、封闭、流动、压抑等多种形态。

4）建筑的功能与空间组合形式

前面我们讨论的是功能对单一空间所起的制约作用，然而仅仅使每一个房间分别适合于各自的功能要求，还不能保证整个建筑的功能合理性。对大多数建筑来说，一般都是由许多单一空间组合而成，各个空间彼此都不是相互孤立的，而是具有某种功能上的逻辑关系，这种关系直接影响到整个建筑的布局。我们在组织空间时应综合、全面地考虑各个独立空间之间的功能关系，并将其安排在最适宜的位置上，使之各得其所，这样才会形成合理的空间布局。

另外，人在建筑空间中是一种动态因素，空间组合方式应该使人在空间中的活动十分便利，也就是建筑的交通系统应该做到方便、快捷。每一类型的建筑由于其使用性质不同，因此空间组合形式也各有特色。

所谓"空间组合形式"，是指若干独立空间以何种方式衔接在一起的，使之形成一种连续、有序的有机整体。在建筑设计实践中，空间组合的形式是千变万化的，初看起来似乎很难分类总结，然而形式的变化最终总要反映建筑功能的联系特点，因此我们可以从错综复杂的现象中概括出若干种具有典型意义的空间组合形式，以便在实践中加以把握和应用。

空间组合方式有很多种，有并联式、串联式、集中式、辐射式、网格式、轴线对位式等。选择的依据一是考虑建筑本身的设计要求，如功能分区、交通组织、采光通风以及景观需要等；二是要考虑建筑基地的外部条件，周围环境的不同直接会影响到空间组合方式的选择。

建筑发展到今天，建筑的功能可谓丰富多彩，但有一样却是自始至终受到重视的，这就是建筑的居住功能。上古时代的原始建筑与今天的建筑相比，已经很难看出有多少共同的地方，而这种变化发生的原因则全在于生活。生活在变化，建筑也在演化。

2.1.3 建筑的物质技术条件

建筑的物质技术条件是实现建筑功能的物质基础和技术手段。能否获得某种形式的空间，不但取决于人们的主观愿望，而且主要取决于工程结构和物质技术条件的发展水平，如果不具备这些条件，所需要的那种空间将变成幻想。由此可见，功能与空间形式的矛盾从某种意义上讲又体现为功能与工程技术，特别是与结构的矛盾。

由于这种矛盾，从而促进了人们对结构技术的研究。在扩大空间方面，近代功能的发展要求更高、更广泛。比如出现的拱券、穹隆以及更为有效的大跨度或超大跨度结构形式——壳体、悬索和网架等新型空间薄壁结构体系，如图2-8所示为国家体育馆。悬索结构广泛用于桥梁建筑，应用于房屋建筑则适用于大跨度建筑物，如体育建筑(体育馆、游泳馆大运动场等)、工业车间、文化生活建筑(陈列馆杂技厅、市场等)及特殊构筑物等。

图 2-8　国家体育馆

悬索结构.mp4

　　随着功能的发展，对空间形式的要求日益复杂和多样。新的材料和新的结构方法要求在新的基础上统一，这就必然导致对传统形式的否定，这种否定是发展的体现，应当以积极的态度看待这种变革。当然新材料和新结构的出现与建筑形式之间的统一需要一个过程，这是一个探索的过程，也是一个创造的过程。

　　展望建筑历史的长卷，就是建筑工程技术发展史的过程，罗马式建筑承袭初期基督教建筑，采用古罗马建筑的一些传统做法如半圆拱、十字拱等，有时也用简化的古典柱式和细部装饰。其特点是：墙体巨大而厚实，墙面用连列小券，门宙洞口用同心多层小圆券，以减少沉重感，以较小的材料构成比较大的跨度或空间，而且在视觉上由于曲线形的参与使建筑形式更加新颖美观，如图 2-9 所示。

图 2-9　德国沃尔姆斯大教堂

　　拱这种形式，在当时建筑技术条件下，具有相当大的优势，它不但不用整石，而且使建筑的自重减轻。这种施工技术比较简便，节省了劳动力，形式丰富多彩。因此，拱在罗马帝国时期被大量采用。直到今天，这种拱券仍是古罗马建筑文化的象征。

11～15 世纪，西方以哥特式建筑为代表的建筑风格，其特点是框架式骨架券作拱顶承重构件，其余填充维护部分减薄，使拱顶减轻；独立的飞扶壁在中厅十字拱的起脚处抵住其侧推力，和骨架券共同组成框架式结构，侧廊拱顶高度降低，使中厅高侧窗加大；使用二圆心的尖拱、尖券，侧推力减小，使不同跨度的拱可一样高。

1) 内部特点

中厅一般不宽但很长，两侧支柱的间距不大，形成自入口导向祭坛的强烈动势。中厅高度很高，两侧束柱柱头弱化消退，垂直线控制室内划分，尖尖的拱券在拱顶相交，如同自地下生长出来的挺拔枝杆，形成很强的向上升腾的动势。两个动势体现出对神的崇敬和对天国向往。

2) 外部特点

外部的扶壁、塔、墙面都是垂直向上的垂直划分，全部局部和细节顶部为尖顶，整个外形充满着向天空的升腾感。如图 2-10 所示为米兰大教堂，其装饰特点是：几乎没有墙面可做壁画或雕塑，祭坛是装饰重点，两柱间的大窗做成彩色玻璃，极富装饰效果。

图 2-10　米兰大教堂

17～18 世纪，巴洛克式是在意大利文艺复兴建筑基础上发展起来的一种建筑和装饰风格。其特点是：外形自由，追求动态，造型繁复，富于变化，喜好富丽的装饰和雕刻，强烈的色彩，常用穿插的曲面和椭圆形空间。这种风格在反对僵化的古典形式、追求自由奔放的格调和表达世俗情趣等方面起了重要作用。如图 2-11 所示为意大利维尼奥拉的罗马耶稣会教堂。

中国古代在建筑技术上同样具有光辉灿烂的成就，如在施工技术和细部装修上，都堪称世上绝无仅有的技艺。但更重要的是中国木构建筑的整体结构，以其定型的、近乎装配的和规范化的体系及符合力学原理的结构合成，使其成为世界上最完美的建筑结构体系之一。如图 2-12 所示为山西应县佛宫寺内的释迦塔(俗称应县木塔)，木塔总高 67.31 米，其中塔刹高约 10 米，塔平面为八角形，底层直径 30.27 米，塔有五个明层，各层间又夹有暗层，实为九层。共用斗拱 54 种，可谓集斗拱形制之大成。该塔经受了多次地震和战火的侵袭，至今约有 950 个春秋，依然昂首屹立，反映了我国古代建筑工程学的伟大成就。

图 2-11 意大利维尼奥拉的罗马耶稣会教堂

图 2-12 山西应县佛宫寺内的释迦塔

汉代是中国古建筑作为一个独特体系的形成时期。大量使用成组的斗拱，木构楼阁逐步代替了高台建筑，如图 2-13 所示；砖石建筑也发展起来，如图 2-14 所示。

图 2-13 高台建筑

图 2-14　四川雅安高颐墓阙

从晋朝的建立到南北朝结束为止的 361 年间，是中国历史上充满民族斗争和民族融合的时代。这段时期宗教建筑特别是佛教建筑大量兴建，出现了许多巨大的寺、塔、石窟和精美的雕塑与壁画。其中，北魏时所建造的河南登封崇岳寺砖塔是我国现存最早的佛塔，如图 2-15 所示。

图 2-15　河南登封崇岳寺砖塔

隋唐时期是中国古建筑发展成熟的时期，在继承汉代建筑成就的基础上，吸收、融合了外来建筑的影响，形成了完整的建筑体系，呈现出简洁雄浑、雍容大气的建筑风貌。隋代河北赵县安济桥(又称赵州桥)是世界上最早出现的空腹拱桥。唐代山西五台县佛光寺大殿是目前国内保存完整的唐代木构建筑，如图 2-16 所示。

图 2-16　佛光寺大殿

　　元代民族众多，给建筑的技术与艺术增加了若干新元素。这时期宗教建筑发达，除佛教、道教外，还建造了很多喇嘛教寺院和伊斯兰教清真寺。元大都的建设也奠定了明清北京城的基础。

　　明清两代是中国古建筑发展的最后一个高潮。明清皇宫的总体规划体现的是封建宗法礼制和帝王权威，主要建筑对称地布置在中轴线上。清代《工部工程做法则例》统一了官式建筑的构件的模数和用料标准，简化了构造方法。同时，皇家园林和私人园林有很大的发展，成为这一时期的珍贵文化遗产，如河北承德避暑山庄(见图 2-17)、江苏无锡寄畅园(见图 2-18)。

图 2-17　河北承德避暑山庄

图 2-18　江苏无锡寄畅园

建筑作为一门艺术，与其他艺术门类显著的不同之处正在于它的技术性，特别是现代建筑更是如此。现代建筑技术的特征归纳起来有三点。

1) 现代建筑由理性和形式逻辑的分析方式构成

不论是建筑的空间体量和尺度、空间的关联，还是建筑的构造处理及结构分析，均由感性和经验走向理性，由定性走向定量。在此基础上，施工建造的经济性同样也属于理性范畴，使每栋建筑实现适用、安全、经济、美观的目标。

2) 现代建筑技术不断地变革

从古罗马到文艺复兴再到 18～19 世纪的古典主义，在建筑技术上没有多大的变化。但现代建筑就不同了，人们要想得到舒适的空间，并且满足社会发展的要求，就必须通过不断地对建筑技术进行革新来实现。

3) 现代建筑技术直接体现了建筑的审美观

现代建筑师奈维特别强调现代建筑中的艺术与技术的统一性，他原来是一位结构工程师，后转而研究建筑学。他能成为一名杰出的现代建筑师，得益于他对结构技术的娴熟运用。他设计的罗马小体育馆的放射形顶面，采用了穹隆面预制钢筋混凝土网架结构，直接用结构反映出形式美，给人以韵律感。联合国教科文组织总部会议厅的墙面和屋顶的形式(折墙、折板)，也出于结构形态的需要而形成交响乐诗一般的效果。

2.1.4 建筑的形象、形式与风格

建筑形象是指一个特定的具体事物。例如山西晋祠圣母殿(见图 2-19)就是一个建筑形象。形象的抽象便是形式，而形式是指构成同类事物的内部结构或共同特征。山西晋祠圣母殿是中国古代建筑的形象，它包括结构形态、内部空间构成、材料、装饰、色彩处理等。只有经过分解归类，对各类中国古代传统建筑形式进行对照，然后才能综合判断出某建筑物属于中国古代建筑形式，或者进一步说它的形式是宋式。因此，在研究建筑或对建筑进行审美时，应当分清建筑的形象和形式的区分及联系。没有形象，谈不上形式。建筑形象可以看作建筑实际存在的具体对象，也可以说它就是其内容。

中国传统建筑图片.docx

图 2-19　山西晋祠圣母殿

中国传统的建筑风格，抽象但确切地反映出中国人的气度与作风；中国社会在物质现实和意识形态上超稳定地延续，因而建筑在风格上也就同样几千年地延续着。比如广州的陈氏书院，又名陈家祠，建于清朝末年，是典型的中国古代晚期建筑。它雕梁画栋，装饰繁茂，琳琅满目，令人应接不暇。屋脊上布满彩陶雕塑，不但有人物、建筑、飞禽走兽、山水林木，而且表现的是许多故事情节，如民间传说、历史轶闻等，内容十分丰富。院子里的石栏杆上也雕满花饰，给人以铺天盖地之感，如图2-20所示。

图2-20　广州的陈氏书院

2.2　建筑物的分类和等级划分

2.2.1　民用建筑的分类

1. 按照民用建筑的使用功能分类

(1) 居住建筑：主要是指家庭和集体生活起居用的建筑物，如住宅、公寓、别墅、宿舍等。

(2) 公共建筑：主要是指人们进行各种社会活动的建筑物，其中包括：行政办公建筑，机关、企事业单位的办公楼。

(3) 文教建筑：学校、图书馆、文化宫等。

按照民用建筑的使用功能分类.docx

居民建筑.mp4

文教建筑学校.mp4

(4) 科研建筑：研究所、科学实验楼等。

(5) 医疗建筑：医院、门诊部、疗养院等。

(6) 商业建筑：商店、商场、购物中心等。

2. 按照民用建筑的规模大小分类

(1) 大量性建筑：指建筑规模不大，但修建数量多的；与人们生活密切相关的；分布面广的建筑。如住宅、中小学校、医院、中小型影剧院、中小型工厂等。

(2) 大型性建筑：是指规模宏大的建筑，如大型办公楼、大型体育馆、大型剧院、大型火车站和航空港、大型展览馆等。这些建筑规模巨大，耗资也大，不可能到处都修建，与大量性建筑比起来，其修建量是很有限的。但这些建筑在一个国家或一个地区具有代表性，对城市的面貌影响也较大。

3. 按结构类型分类

1) 砌体结构

(1) 砌筑结构的概念。

砌体结构是砖砌体、砌块砌体、石材砌体等材料用砂浆砌筑成建筑的内、外项承重的结构。

砌体结构的材料包括块材、砌块及石材，如图 2-21 所示。块材通常是指普通的黏土砖(俗称红砖)、空心(多孔或大孔)黏土砖、实心硅酸盐砖等。当块材尺寸比较小的块体为砌块时，一般高度为 180~350 毫米的块体通称为小型砌块，高度为 360~900 毫米的块体通称为中型砌块，而高度大于 900 毫米的块体通称为大型砌块。石材则常指毛石。

图 2-21　砖砌体

(2) 砌体结构的特点。

砌体结构材料多以砖石等为主，这是因为砖石是古老而又传统的建筑材料，易于就地取材，并能节约钢材、水泥和木材。砌体结构耐火性优，化学稳定性高，大气稳定性好。砌体结构中常用的除砖石材料外，还有砌块材料，砌块可充分利用工业废料，制作方便，便于工业化、机械化与装配化，避免取用黏土，节约土地资源。此外，砌体结构还具有隔热、隔声性能好且抗压强度高等优点。

砌体结构根据在砌体内设置钢筋或加强构件与否，又可分为配筋砌体和无筋砌体。中国属于发展中国家，建于地震区和非地震区的多层砌体房屋基本上属于无筋砌体。根据多次试验研究，我国在建筑结构抗震规范中提出了在不同地震设防烈度下多层砌体房屋的层数和高度限值，如表2-1所示。

表2-1 不同地震设防烈度下多层砌体房屋的层数和高度限值

地震烈度	层　数	高度(m)	地震烈度	层　数	高度(m)
6度区	不大于8层	24	8度区	不大于6层	18
7度区	不大于7层	21	9度区	不大于4层	12

2) 框架结构

框架结构的承重部分是由钢筋混凝土或钢材制作梁、板、柱形成的骨架承担，墙体只起围护和分隔作用，这种结构可以用于多层和高层建筑中。

3) 钢筋混凝土板墙结构

钢筋混凝土结构的竖向承重构件和水平承载构件均采用钢筋混凝土制作，施工时可以在现场浇筑或在加工厂预制，现场吊装。这种结构可以用于多层和高层建筑中，允许高度如表2-2所示。

钢筋混凝土结构.mp4

表2-2 现浇钢筋混凝土房屋使用的最大高度　　　　　　　　(m)

结构类型	烈　度			
	6	7	8	9
框架	60	55	45	25
框架抗震墙	130	120	100	50
抗震墙	140	120	100	60
部分框支抗震墙	120	100	80	不应采用
框架核心筒	150	130	100	70
筒中筒	180	150	120	80
板柱抗震墙	40	35	30	不应采用

注：1. 房屋高度指室外地面到主要屋面板板顶的高度(不包括局部凸出屋顶部分)。

2. 框架核心筒结构指周边稀柱框架与核心筒组成的结构。

3. 部分框支抗震墙结构指首层或底部两层框支抗震墙结构。

4. 乙类建筑可按本地区抗震设防烈度确定适用的最大高度。

5. 超过表内高度的房屋，应进行专门研究和论证，采取有效的加强措施。

6. 该表摘自《建筑抗震设计规范》(GB 50011—2010)2016年版。

4. 按建筑层数或高度分类

建筑层数是房屋建筑的一项非常重要的控制指标，但必须结合建筑总高度综合考虑，具体分析如表2-3所示。

按建筑层数或高度
分类的图片.docx

表 2-3　按照建筑层数或总高度分类的建筑物

公共建筑、综合性民用建筑	分类	普通建筑		高层建筑	
	建筑总高度(m)	≤24		>24	
高层建筑	分类	低高层	中高层	高层	超高层
	层数	9~16	17~25	26~40	>40
	建筑总高度(m)	<50	50~75	76~100	>100

(1) 普通建筑指建筑总高度不超过 24 米的普通民用建筑和超过 24 米的高层民用建筑。

(2) 建筑高度按下列方法确定：在重点文物保护单位和重要风景区附近的建筑物，其高度是指建筑物的最高点，包括电梯间、楼梯间、水箱和烟囱等。

在前条所指地区以外的一般地区，其建筑高度按以下标准计算：平顶房屋按女儿墙高度计算；坡顶房屋按屋檐和屋脊的平均高度计算。屋顶上的附属物，如电梯间、楼梯间、水箱和烟囱等，其总面积不超过屋顶面积的 20%，高度不超过 4 米的不计入高度之内。消防要求的建筑物高度为建筑物室外地面到其屋顶平面或檐口的高度。

(3) 在 GB 50096—2011 住宅设计规范中有关住宅按层数划分的低层住宅、多层住宅、中高层住宅、高层住宅概念已停止使用。

5. 按照承重结构的材料分类(见表 2-4)

表 2-4　按照承重结构的材料分类的建筑物

	承重结构的材料	举　例
砖混结构	用砖墙柱、钢筋混凝土楼板及屋面板作为主要承重构件，属于墙承重结构体系	在居住建筑和一般公共建筑中大量采用
钢筋混凝土结构	钢筋混凝土材料作为建筑的主要承重构件，多属于骨架承重结构体系	大型公共建筑、大跨度建筑、高层建筑较多采用
钢结构	主要承重结构全部采用钢材，具有自重轻、强度高的特点，但耐火能力较差	大型公共建筑、工业建筑、大跨度和高层建筑经常采用
土木结构 砖木结构	由于这两类结构的耐久性和防火性能均较差，现在基本被淘汰	小型住宅、单体民用建筑、古建筑

钢结构.mp4

6. 按照施工方法分类

施工方法是指建筑房屋所采用的方法，它分为以下几类。

(1) 现浇、现砌式。施工方法是主要构件均在施工现场砌筑(如砖墙等)或浇筑(如钢筋混凝土构件等)。

(2) 预制、装配式。施工方法是主要构件在加工厂预制，在施工现场进行装配。

(3) 部分现浇现砌、部分装配式。施工方法是：

砖混结构.mp4

砖木结构.mp4

一部分构件在现场浇筑或砌筑(大多为竖向构件)，一部分构件为预制吊装(大多为水平构件)。

7. 按照规模和数量分类

民用建筑还可以根据建筑规模和建造数量的差异进行分类。

(1) 大型性建筑，主要包括建造数量少、单体面积大、个性强的建筑，如机场候机楼、大型商场和旅馆等。

(2) 大量性建筑，主要包括建造数量多、相似性大的建筑，如住宅、中小学校、商店及加油站等。

2.2.2 建筑物的等级划分

建筑物的等级包括耐久等级和耐火等级两大部分。

1. 按建筑物的耐久年限划分

建筑物耐久等级的指标是使用年限。使用年限的长短是由建筑物的性质决定的。影响建筑寿命长短的主要因素是结构构件的选材和结构体系。在《民用建筑设计统一标准》(GB 50352—2019)中对建筑物的耐久年限作了规定，如表 2-5 所示。大量建造的建筑，如住宅等，属于次要建筑，其耐久等级应为三级。

表 2-5　按建筑物性质划分的耐久年限

耐火等级	耐久年限	适用范围
一级	100 年以上	重要的建筑和高层建筑
二级	50～100 年	一般性建筑
三级	25～50 年	次要的建筑
四级	15 年以下	临时性建筑

2. 按设计使用年限分等级(见表 2-6 所示)

表 2-6　设计使用年限分类

类　别	设计使用年限	示　例
1	5	临时性建筑
2	25	易于替换结构构件的建筑
3	50	普通建筑和构筑物
4	100	纪念性建筑和特别重要的建筑

3. 按耐火等级划分

建筑物的耐火等级是衡量建筑物耐火程度的标准，划分耐火等级是建筑防火设计规范中规定的防火技术措施中最基本的措施之一。为了提高建筑物对火灾的抵抗能力，在建筑构造上采取措施控制火灾的发生和蔓延就显得非常重要。建筑物耐火等级的划分，是按照建筑物的使用性质、体形情况、

音频.建筑物按耐火性的分类.mp3

防火面积等确定的。我国《建筑设计防火规范》(GB 50016—2014)2018 年版的规定,民用建筑耐火等级分为四类,如表 2-7 所示。

表 2-7　建筑物构件的燃烧性能和耐火　　　　　　　　　　　(h)

构件名称		耐火等级			
		一　级	二　级	三　级	四　级
墙	防火墙	不燃烧体 3.00	不燃烧体 3.00	不燃烧体 3.00	不燃烧体 3.00
	承重墙	不燃烧体 3.00	不燃烧体 2.50	不燃烧体 2.00	不燃烧体 0.50
	非承重外墙	不燃烧体 1.00	不燃烧体 1.00	不燃烧体 0.50	燃烧体
	楼梯间的墙 电梯井的墙 住宅单元之间的墙 住宅分户墙	不燃烧体 2.00	不燃烧体 2.00	不燃烧体 1.50	不燃烧体 0.50
	疏散走道两侧的隔墙	不燃烧体 1.00	不燃烧体 1.00	不燃烧体 0.50	难燃烧体 0.25
	房间隔墙	不燃烧体 0.75	不燃烧体 0.50	难燃烧体 0.50	难燃烧体 0.25
柱		不燃烧体 3.00	不燃烧体 2.50	不燃烧体 2.00	难燃烧体 0.50
梁		不燃烧体 2.00	不燃烧体 1.50	不燃烧体 1.00	难燃烧体 0.50
楼板		不燃烧体 1.50	不燃烧体 1.00	不燃烧体 0.50	燃烧体
屋顶承重构件		不燃烧体 1.50	不燃烧体 1.00	燃烧体	燃烧体
疏散楼梯		不燃烧体 1.50	不燃烧体 1.00	不燃烧体 0.50	燃烧体
吊顶(包括吊顶搁栅)		不燃烧体 0.25	难燃烧体 0.25	难燃烧体 0.15	燃烧体

2.3　建　筑　模　数

为了实现建筑工业化大规模生产,使不同材料、不同形状和不同制造方法的建筑构配件(或组合件)具有一定的通用性和互换性,在建筑业中必须共同遵守《建筑模数协调标准》(GB/T 50002—2013)。

1. 模数

模数是选定的标准尺度单位,作为尺寸协调中的增值单位。所谓尺寸协调,是指在房屋构配件及其组合的建筑中,与协调尺寸有关的规则,供建筑设计、建筑施工、建筑材料与制品、建筑设备等采用,其目的是使构配件安装吻合,并有互换性。

2. 基本模数

基本模数是模数协调中选用的基本单位,其数值为 100 毫米,符号为 M,即 1M＝100 毫米。整个建筑物和建筑物的各个部分以及建筑组合构件的模数化尺寸,应是基本模数的倍数。

3. 导出模数

导出模数分为扩大模数和分模数,其基数应符合下列规定。

(1) 扩大模数是指基本模数的整倍数，扩大模数的基数为 3M、6M、12M、15M、30M、60M，共 6 个，其相应的尺寸为 300 毫米、600 毫米、1200 毫米、1500 毫米、3000 毫米、6000 毫米。

(2) 分模数是指整数除以基本模数的数值，分模数的基数为 M/10、M/5、M/2，共 3 个，其相应的尺寸为 10 毫米、20 毫米、50 毫米。

4. 模数数列及应用

模数数列是以选定的模数基数为基础而展开的模数系统，它可以保证不同建筑及其组成部分之间尺度的统一协调，有效减少建筑尺寸的种类，并确保尺寸具有合理的灵活性。模数数列根据建筑空间的具体情况拥有各自的适用范围，建筑物的所有尺寸除特殊情况之外，均应满足模数数列的要求。如表 2-8 所示为我国现行的模数数列。

表 2-8　我国现行的模数数列

模数名称	基本模数	扩大模数						分 模 数		
模数基数	1M	3M	6M	12M	15M	30M	60M	M/10	M/5	M/2
基数数值(mm)	100	300	600	1200	1500	3000	6000	10	20	50
模数数列	100	300						10		
	200	600	600					20	20	
	300	900						30		
	400	1200	1200	1200				40	40	
	500	1500			1500			50		50
	600	1800	1800					60	60	
	700	2100						70		
	800	2400	2400	2400				80	80	
	900	2700						90		
	1000	3000	3000		3000	3000		100	100	100
	1100	3300						110		
	1200	3600	3600	3600				120	120	
	1300	3900						130		
	1400	4200	4200					140	140	
	1500	4500			4500			150		150
	1600	4800	4800	4800				160	160	
	1700	5100						170		
	1800	5400	5400					180	180	
	1900	5700						190		
	2000	6000	6000	6000	6000	6000	6000	200	200	200
	2100	6300						220		
	2200	6600	6600					240		

续表

模数名称	基本模数	扩大模数				分 模 数	
模数数列	2300	6900					250
	2400	7200	7200	7200		260	
	2500	7500		7500		280	
	2600	7800				300	300
	2700	8400	8400			320	
	2800	9000		9000	9000	340	
	2900	9600	9600				350
	3000		10500			360	
	3100	10800				380	
	3200	12000	12000	12000	12000	400	400
	3300		15000			450	
	3400		18000	18000		500	
	3500		21000			550	

2.4 建筑设计的内容

建筑工程设计一般包括建筑设计、结构设计、设备设计等几方面的内容。这几方面的工作是分工合作的一个整体，各专业设计的图纸、计算书、说明书及预算书汇总，形成一个建筑工程项目的完整文件，作为建筑工程施工的依据。

2.4.1 建筑设计

建筑设计主要包括建筑物与周围环境协调、建筑物使用功能的合理安排、建筑内部空间和外部造型的艺术效果，以及各个细部的构造方式等内容。

除考虑上述各种要求以外，还应考虑建筑与结构、建筑与各种设备等相关技术的综合协调，以及如何用更少的材料、劳动力、投资和时间来实现各种要求，使建筑物做到适用、经济、安全、美观。这就要求建筑师必须认真学习和贯彻建筑方针政策，正确掌握建筑标准，同时要具有广泛的科学技术知识。

建筑设计在整个工程设计中起着先行和主导作用，由建筑师完成。建筑设计包括总体设计和个体设计两个方面。

2.4.2 结构设计

结构设计主要是根据建筑设计选择切实可行的结构方案，进行结构计算及构件设计、结构布置及构造设计等，由结构工程师完成。

2.4.3 设备设计

设备设计主要包括给水排水、电气照明、通信、采暖、空调通风、动力等方面的设计，由相应的设备工程师完成。

以上几方面的工作既有分工，又密切配合，形成一个整体。各专业设计的图纸、计算书、说明书及预算书汇总，就构成一个建筑工程的完整文件，作为建筑工程施工的依据。

注册建筑师在民用建筑项目的设计中，常负责总图和建筑两个专业的设计工作，并任设计总负责人，故应在全面了解《民用建筑工程设计收费标准》中规定的基础上，重点了解总图和建筑两个专业的设计深度要求。本教材仅节选与建筑师有关的规定内容。

2.5 建筑设计程序

2.5.1 设计前的准备工作

建筑设计是一项复杂而细致的工作，涉及的学科较多，同时要受到各种客观条件的制约。为了保证设计质量，设计前必须做好充分准备，包括掌握设计任务书的要求，广泛深入地进行调查研究，收集必要的设计基础资料等几方面。

1. 落实设计任务

建设单位必须具有主管部门对建设项目的批准文件、城市建设管理部门同意设计的批文，方可向设计单位办理委托设计手续。

2. 熟悉设计任务书

设计任务书是由建设单位提供给设计单位进行设计的依据性文件，一般包括以下内容。

(1) 建设项目总的用途、要求与规模。

(2) 建设项目的组成、单项工程的面积、房间组成、面积分配及使用要求。

(3) 建设项目的投资及单方造价，土建、设备及室外工程的投资分配。

(4) 建设基地大小、形状、地形，原有建筑及道路现状，并附地形测量图。

(5) 供电、供水、采暖、空调通风、电信、消防等设备方面的要求，并附有水源、电源的使用许可文件。

(6) 设计期限及项目建设进度计划安排要求。

3. 调查研究、收集资料

除设计任务书提供的资料外，还应当收集必要的设计资料和原始数据，如：建设地区的气象、水文地质资料；基地环境及城市规划要求；施工技术条件及建筑材料供应情况；与设计项目有关的定额指标及已建成的同类型建筑的资料；等等。

以上资料除有些由建设单位提供和向技术部门收集外，还可采用调查研究的方法，其主要内容如下。

(1) 访问使用单位对建筑物的使用要求，调查同类建筑在使用中出现的情况。通过分析和总结，全面掌握所设计建筑物的特点和要求。

(2) 了解建筑材料供应和结构施工等技术条件，如：地方材料的种类、规格、价格，施工单位的技术力量、构件预制能力、起重运输设备等条件。

(3) 现场踏勘，对照地形测量图深入了解现场的地形、地貌、周围环境，考虑拟建房屋的位置和总平面布局的可能性。

(4) 了解当地传统经验、文化传统、生活习惯及风土人情等。

2.5.2 设计阶段的深度

工程设计是工程建设的重要工作，为适应我国现代化建设的需要，必须遵循以下基本原则。

(1) 遵守国家的法律、法规，贯彻执行国家经济建设的方针、政策，特别应贯彻执行提高经济效益和促进技术进步的方针。

(2) 从全局出发，正确处理工业与农业、沿海与内地、城市与乡村、远期与近期、平时与战时、技改与新建、生产与生活、安全质量与经济效益的关系。

(3) 根据国家有关规定和工程性质、要求，对生产工艺、主要设备和主体工程要做到先进、适用、可靠。

(4) 实行资源的综合利用，根据市场需要、技术可能和经济合理的原则，充分考虑矿产、能源、水、农、林、牧、渔等资源的综合利用。

(5) 节约能源，在工业建设项目中，要选用耗能少的生产工艺和设备；在民用建设项目中，要采取节约能源措施。提倡区域性供热，重视余热作用。

(6) 保护环境，在进行各类工程设计时，应积极改进工艺，采用行之有效的技术措施，防止粉尘、毒物、废水、废气、废渣(液)、噪声、放射性物质及其他有害因素对环境的污染，并进行综合治理和利用，使其排污、排废、排毒符合国家规定的标准。

民用建筑工程一般应分为方案设计、初步设计和施工图设计三个阶段。对于技术要求简单的民用建筑工程，经有关主管部门同意，并且合同中有不做初步设计的约定，可在方案设计审批后直接进入施工图设计。

在设计中应因地制宜地正确选用国家、行业和地方建筑标准，并在设计文件的图纸目录或施工图设计说明中注明被应用图集的名称。

2.6 建筑设计的要求和依据

2.6.1 建筑设计的要求

1. 满足建筑功能要求

满足建筑物的功能要求，为人们的生产和生活创造良好的环境，是建筑设计的首要任务。例如设计学校，首先要考虑满足教学活动的需要，教室设置应分区合理，采光通风良好，同时还要合理安排教师备课、办公、贮藏和厕所等行政管理和辅助用房，并配置良好的体育场和室外活动场地等。

音频.建筑设计的主要要求.mp3

2. 符合城市规划要求

建筑是城市的组成细胞，为了城市的健康持续发展，必须满足城市规划的要求。城市规划对建筑单体的要求主要体现在容积率、建筑高度、建筑密度、绿地率、停车位和配套设施等方面。对于特殊地段的建筑还应考虑与城市风貌协调、城市天际轮廓线的要求等。

3. 具有良好的经济效果

建筑设计应遵循经济规律，将使用要求、建筑标准、技术措施和相应的造价综合权衡。建造房屋是一个复杂的物质生产过程，需要大量的人力、物力和资金，在房屋的设计和建造过程中，要因地制宜、就地取材，尽量做到节省劳动力，节约建筑材料和资金。设计和建造房屋要有周密的计划和核算，重视经济领域的客观规律，讲究经济效益。房屋设计的使用要求和技术措施，要与相应的造价、建筑标准统一起来。

4. 采用合理的技术措施

根据建筑功能的需要，合理选择建筑材料、结构及施工方案，使房屋坚固耐久、建造方便。正确选用建筑材料，根据建筑空间组合的特点，选择合理的结构、施工方案，使房屋坚固耐久、建造方便。例如近年来，我国设计建造的一些覆盖面积较大的体育馆，由于屋顶采用空间网架结构和整体提升的施工方法，既节省了建筑物的用钢量，也缩短了施工期限。

5. 考虑建筑艺术要求

建筑是社会的物质和文化财富，在满足使用要求的同时，还必须考虑建筑艺术方面的要求。

2.6.2 建筑设计的依据

1. 人体工程

人体尺度是确定建筑内部各种空间尺度的主要依据之一。比如门洞、窗台及栏杆的高度；走道、楼梯、踏步的高宽；家具设备尺寸以及内部空间尺度等都与人体尺度直接相关。人体尺度如图 2-22 所示，人体活动所需的空间尺度如图 2-23 所示。

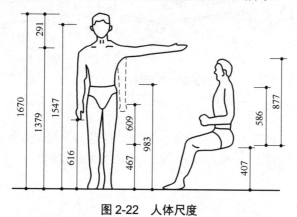

图 2-22　人体尺度

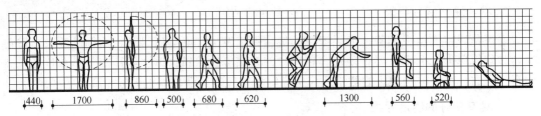

图 2-23　人体活动所需的空间尺度

2. 家具设备尺寸

房间内家具设备的尺寸，以及使用它们所需的活动空间是确定房间内部使用面积的重要依据。如图 2-24 所示为居住建筑常用家具的尺寸。

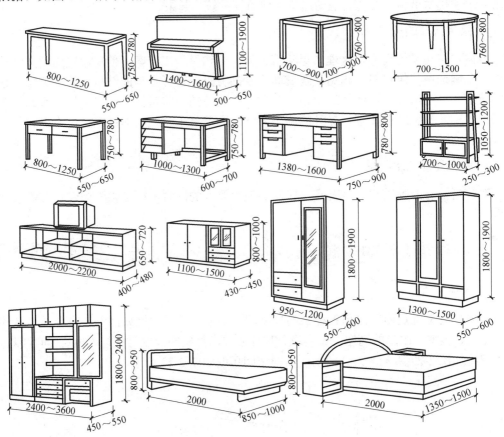

图 2-24　常用家具的尺寸

3. 自然条件

建设地区的温度、湿度、日照、雨雪、风向、风速等是建筑设计的重要依据，对建筑设计有较大的影响。如图 2-25 所示为我国部分城市的风玫瑰图。

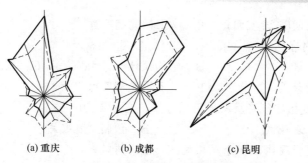

(a) 重庆　　　(b) 成都　　　(c) 昆明

图 2-25　我国部分城市的风向频率玫瑰图

 本章小结

　　本章主要介绍了建筑的构造要素，建筑物的分类和等级划分，建筑模数，同时，还介绍了建筑设计的内容，建筑设计程序，建筑设计的要求和依据。通过本章的学习，使同学们能够掌握建筑的功能，建筑的物质技术条件，建筑的形象、形式与风格，民用建筑的分类，建筑物的等级划分。

 实训练习

一、单选题

1.　建筑的构成要素中，(　　　)是建筑的目的，起主导作用。
　　A. 建筑功能　　　B. 建筑的技术　　C. 家住形象　　　D. 建筑的经济性
2.　建筑是建筑物和构筑物的统称，(　　　)属于建筑物。
　　A. 住宅、堤坝　　B. 学校、电塔　　C. 工程、展馆　　D. 烟囱、办公楼
3.　民用建筑包括居住建筑和公共建筑，其中(　　　)属于居住建筑。
　　A. 托儿所　　　　B. 宾馆　　　　　C. 公寓　　　　　D. 养老院
4.　耐火等级为二级是楼板和吊顶的耐火极限应分别满足(　　　)。
　　A. 1.5h 和 0.25h　　　　　　　　B. 1.00h 和 0.25h
　　C. 1.50h 和 0.15h　　　　　　　　D. 1.00h 和 0.15h
5.　耐火等级为三级的一般民用建筑的层数不应超过(　　　)。
　　A. 8 层　　　　　B. 7 层　　　　　C. 6 层　　　　　D. 5 层

二、多选题

1.　构成建筑的要素有(　　　)方面。
　　A. 建筑功能　　　　　　B. 建筑技术　　　　　　C. 建筑形象
　　D. 建筑设计　　　　　　E. 以上答案都对
2.　建筑空间分析包括哪几个方面? (　　　)
　　A. 封闭空间　　　　　　B. 开敞空间　　　　　　C. 固定空间

D. 可变空间(灵活空间)　　E. 以上答案都不对

3. 建筑设计内容包括(　　)。
　　A. 建筑设计　　　　　　　　B. 结构设计　　　　　　　　C. 屋面设计
　　D. 设备设计　　　　　　　　E. 以上答案都不对

4. 施工方法是指建筑房屋所采用的方法,它分类为(　　)。
　　A. 现浇、现砌式　　　　　　B. 预制、装配式
　　C. 部分现浇现砌、部分装配式　　D. 拼接式
　　E. 以上答案都不对

5. 按照民用建筑的使用功能分类为(　　)。
　　A. 居住建筑　　　　　　　　B. 公共建筑居住建筑　　　　C. 工业建筑
　　D. 教学楼建筑　　　　　　　E. 以上答案都不对

三、简答题

1. 什么是建筑物? 什么是构筑物?

2. 影响建筑物构造的因素主要有哪些? 它们之间的辩证关系是什么?

3. 民用建筑按使用性质如何划分?

第 2 章课后答案.docx

实训工作单

班级		姓名		日期	
教学项目		民用建筑设计概论			
任务	掌握建筑物的分类和等级划分		方式	对民用建筑的认识	

相关知识	建筑设计

其他要求	

绘制流程记录

评语		指导老师	

第3章　建筑平面设计

【教学目标】

- 了解建筑平面设计概述。
- 掌握建筑使用部分的平面设计知识。
- 掌握交通联系部分的平面设计知识。
- 掌握建筑平面的组合设计知识。

【教学要求】

第3章　建筑平面设计.pptx

本章要点	掌握层次	相关知识点
建筑使用部分的平面设计知识	1. 使用房间的分类 2. 使用房间的面积、形状和尺寸 3. 房间平面中门窗的布置	使用部分平面设计知识
交通联系部分的平面设计知识	1. 过道 2. 楼梯 3. 电梯与自动扶梯 4. 门厅、过厅	交通联系平面设计知识
建筑平面的组合设计知识	1. 影响平面组合的因素 2. 建筑平面组合的设计形式 3. 建筑平面组合与总平面的关系	建筑平面组合设计知识

【案例导入】

　　某办公楼工程位置如图 3-1 所示，由于原办公楼已不能满足使用要求，故在原办公楼一侧兴建新办公楼。由于受场地限制，只能建成东西向建筑。新建建筑采用框架钢筋混凝土结构形式。新办公楼主要功能包括普通办公室、普通会议室、大要案指挥中心，电视、电话会议室等。这些房间属于主要使用房间，布置在建筑的明显部位。卫生间、开水间、设备房等属于辅助使用房间，布置在不明显的位置。房间平面形状主要为矩形，方便办公家具的布置。在新旧楼交接处采用弧形做法，形成了弧形的会议室和走道。由于是与原建筑接建，所以在内部只布置了一部楼梯和电梯。南侧疏散通道可使用原有建筑的楼梯，北向由于疏散距离超过规范要求，故在北侧室外加设了一部室外消防楼梯。整个平面采用走道式组合，通过一条内走道将两侧的房间结合在一起，并通过弧形走道与原建筑连为一体。

北

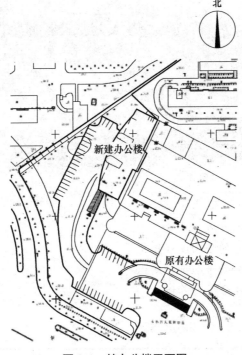

新建办公楼

原有办公楼

图 3-1 某办公楼平面图

【问题导入】

结合本章的学习，谈谈你对建筑平面设计的理解。

3.1 建筑平面设计概述

每一幢建筑在总体设计时都要三维一体，要求从空间上去思维、去创造。将建筑简化为平面图、立面图、剖面图去工作，不仅技术上更方便，而且从空间中抽出两个维度，尺度、比例和相互关系都容易被更正确、更精准地表达出来，这样更直观，且条理性、工作步骤更容易被掌握。一幢建筑物的平、立、剖面图，是这幢建筑物在不同方向的外形及剖切面的投影，这几个面之间是有机联系的，平、立、剖面综合在一起，表达一幢三维空间的建筑整体。

建筑平面是表示建筑物在水平方与房屋各部分的组合关系。由于建筑平面通常较为集中地反映建筑功能方面的问题，一些剖面关系比较简单的民用建筑，它们的平面布置基本上能够反映空间组合的主要内容，因此，从学习和叙述的先后考虑，可以从建筑平面设计的分析入手。但是在平面设计中，始终需要从建筑整体空间组合的效果来考虑，紧密联系建筑剖面和立面，分析剖面、立面的可能性和合理性，不断调整修改平面，反复深入。也就是说，虽然我们从平面设计入手，但是其着眼点却是建筑空间的组合。

建筑平面设计是在熟悉任务，是在对建设地点、周围环境及设计对象有了较为深刻的理解的基础上开始的，设计时应首先进行总体分析，初步确定出入口位置及建筑物平面形状，然后分析功能关系和流线组织，安排建筑各部分的相对位置，再确定建筑各部分的尺寸。

各种类型的民用建筑，从组成平面各部分的使用性质来分析，主要可以归纳为使用部分和交通联系部分两类。

1. 使用部分

使用部分是指人们日常使用活动的空间，又可分为主要使用活动空间和辅助使用活动空间，即各类建筑物中的使用房间和辅助房间。

1) 使用房间

人们经常使用活动的房间，是一幢建筑的主要功能房间。例如住宅中的起居室、卧室；学校中的教室、实验室；商店中的营业厅；剧院中的观众厅等。

2) 辅助房间

人们不经常使用，但又是生活活动必不可缺的房间，是一幢建筑辅助功能用房。例如住宅中的厨房、浴室、厕所；一些建筑物中的贮藏室、厕所以及各种电气、水暖等设备用房。

2. 交通联系部分

交通联系部分是指建筑物中各个房间之间、楼层之间和房间内外之间联系通行的空间，即各类建筑物中的走廊、门厅、过厅、楼梯、坡道，以及电梯和自动楼梯等，如图 3-2 所示。

走廊.mp4

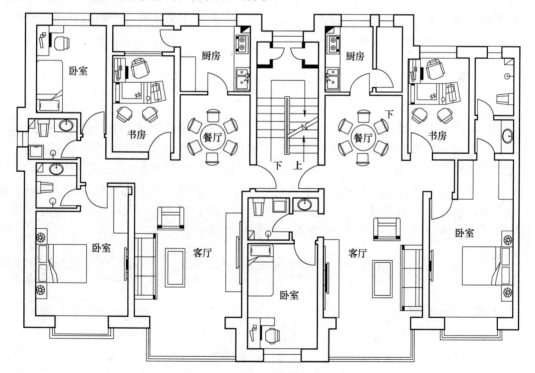

图 3-2　住宅单元平面组成示意图

3. 平面设计的内容和作用

平面设计的主要任务是根据设计要求和基地条件，确定建筑平面中各组成部分的大小和相互关系，通常用平面图来表示。平面设计是整个建筑设计中的一个重要组成部分。一般来说，它对建筑方案的确定起着决定性的作用，是建筑设计的基础。

因为平面设计不仅决定了建筑各部分的平面布局、面积、形状，而且还影响到建筑空间的组合、结构方案的选择、技术设备的布置、建筑造型的处理和室内设计等许多方面。所以在进行建筑平面设计时，需要反复推敲，综合考虑剖面、立面、技术、经济等各方面因素，使平面设计尽善尽美。

平面设计的内容主要包括以下几个方面。

(1) 结合基地环境、自然条件，根据城乡规划建设要求，使建筑平面形式、布局与周围环境相适应。

(2) 根据建筑规模和使用性质要求进行单个房间的面积、形状及门窗位置等设计以及交通部分和平面组合设计。

(3) 妥善处理好平面设计中的日照、采光、通风、隔声、保温、隔热、节能、防潮防水和安全防火等问题，以满足不同的功能使用要求。

(4) 为建筑结构选型、建筑体型组合与立面处理、室内设计等提供合理的平面布局。

(5) 尽量减少交通辅助面积和结构面积，提高平面利用系数，有利于降低建筑造价，节约投资。

在平面设计中，会经常遇到各种矛盾。平面设计的过程，实际上也是协调矛盾诸方面、综合解决矛盾的过程。在设计中要善于从全局出发，抓住主要矛盾，不断地对方案进行修改和调整，使之逐步趋于完善。

3.2 使用部分的平面设计

使用房间是供人们进行工作、学习、生活、娱乐等活动的空间。由于建筑类别不同，使用功能不同，对使用房间的要求也不一致。使用部分也是构成建筑物的基本细胞之一，是可以直接供人们使用的主要空间。各类使用房间由于其使用功能不同，设计也绝然不同，但在进行使用房间设计时应考虑的基本因素是一致的，这些基本因素有着共通性，即要求有适宜的尺度、足够的面积、恰当的形状、良好的朝向、采光和通风条件，方便的内外交通联系，有效地利用建筑面积和合理的结构布局以及便于施工等。

3.2.1 使用房间的分类和设计要求

1. 使用房间的分类

从使用房间的功能要求来分类，主要有以下几方面。

(1) 生活用房间：住宅的起居室、卧室，宿舍和招待所的卧室等。

(2) 工作、学习用的房间：各类建筑中的办公室、值班室，学校的教室、实验室等。

(3) 公共活动房间：商场的营业厅、剧院，电影院的观众厅、休息厅等。

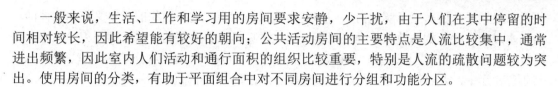

一般来说，生活、工作和学习用的房间要求安静，少干扰，由于人们在其中停留的时间相对较长，因此希望能有较好的朝向；公共活动房间的主要特点是人流比较集中，通常进出频繁，因此室内人们活动和通行面积的组织比较重要，特别是人流的疏散问题较为突出。使用房间的分类，有助于平面组合中对不同房间进行分组和功能分区。

2. 使用房间平面设计的要求

(1) 房间的面积、形状和尺寸要满足室内使用活动和家具、设备合理布置的要求。

(2) 门窗的大小和位置，应考虑房间的出入方便，疏散安全，采光通风良好。

(3) 房间的构成应使结构构造布置合理，施工方便，也要有利于房间之间的组合，所用材料要符合相应的建筑标准。

(4) 室内空间以及顶棚、地面、各个墙面和构件细部，要考虑人们的使用和审美要求。

3.2.2 使用房间的面积、形状和尺寸

1. 房间的面积

使用房间面积的大小，主要是由房间内部活动特点、使用人数的多少、家具设备的多少等因素决定的，例如住宅的起居室、卧室使用人数少、家具少，面积相对较小；剧院、电影院的观众厅，除了人多、座椅多外，还要考虑人流迅速疏散的要求，所需的面积就大；又如室内游泳池和健身房，由于使用活动的特点，要求有较大的面积。

音频.确定房间面积
的因素.mp3

为了深入分析房间内部的使用要求，把一个房间内部的面积，根据它们的使用特点可以分为以下几个部分。

(1) 家具或设备所占面积。

(2) 人们在室内的使用活动面积(包括使用家具及设备所需的面积)。

(3) 房间内部的交通面积。

音频.确定房间尺寸
的因素.mp3

图 3-3(a)(b)分别是学校中一个教室和住宅中一间卧室的室内使用面积分析示意图。实际上，室内使用面积和室内交通面积也可能有重合或互换，但是这并不影响对使用房间面积的基本确定。

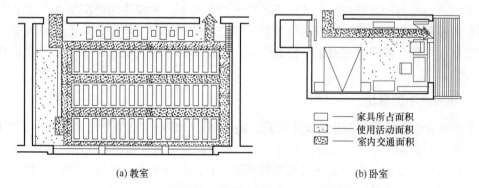

(a) 教室　　　　　　　　　　　　　　　(b) 卧室

图 3-3　教室和卧室的使用面积示意图

从图 3-3 中可以看到，为了确定房间使用面积的大小，除了需要掌握室内家具、设备的

数量和尺寸外，还需要了解室内活动和交通面积的大小，这些面积的确定又都和人体活动的基本尺度有关。例如教室中学生就座、起立时桌椅近旁必要的使用活动面积，入座、离座时通行的最小宽度，以及教师讲课时黑板前的活动面积等。图 3-4 所示为教室、卧室以及商店营业厅中，人们使用各种家具时，家具近旁必要的尺寸举例。

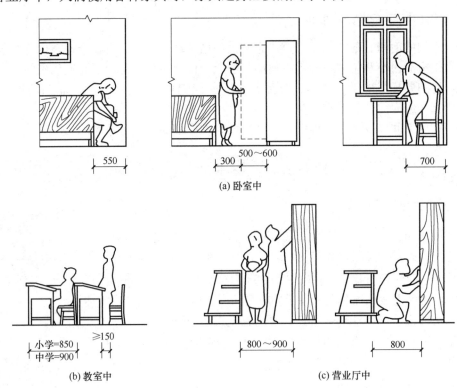

550

300   500～600

700

(a) 卧室中

小学=850
中学=900   ≥150

800～900   800

(b) 教室中   (c) 营业厅中

图 3-4　教室、卧室、营业厅中尺寸示意图

　　在一些建筑物中，房间使用面积大小的确定，并不像上例中教室平面的面积分配那样明显，例如商店营业厅中柜台外顾客的活动面积，剧院、电影院休息厅中观众活动的面积等，由于这些房间中使用的人数并不固定，也不能直接从房间内家具的数量来确定使用面积的大小，通常需要通过对已建的同类型房间进行调查，掌握人们实际使用的一般规律，然后根据调查所得的数据资料，结合设计房间的使用要求和相应的经济条件，确定比较合理的室内使用面积。一般把调查所得数据折算成和使用房间的规模有关的面积数据，例如商店营业厅中每个营业员可设多少营业面积，剧院休息厅以及观众厅中每个座位需要多少休息面积等。

2. 房间的平面形状

　　初步确定了使用房间面积的大小以后，还需要进一步确定房间平面的形状和具体尺寸。房间平面的形状和尺寸，主要是由室内使用活动的特点，家具布置方式，以及采光、通风、音响等要求所决定的。在满足使用要求的同时，构成房间的技术经济条件，以及人们对室内空间的观感，也是确定房间平面形状和尺寸的重要因素。

　　民用建筑常见的房间形状有矩形、方形、多边形、圆形等。在具体设计中，应从使用要求、结构形式与结构布置、经济条件、美观等方面综合考虑，选择合适的房间形状。一般功能要求的民用建筑房屋形状常采用矩形，其主要原因如下。

(1) 矩形平面体型简单，墙体平直，便于家具和设备的安排，使用上能充分利用室内有效面积，有较大的灵活性。

(2) 结构布置简单，便于施工。一般功能要求的民用建筑，常采用墙体承重的梁板构件布置。

(3) 矩形平面便于统一开间、进深，有利于平面及空间的组合。

房间形状的确定，不仅仅取决于功能、结构和施工条件，也要考虑房间的空间艺术效果，使其形状有一定的变化，具有独特的风格，在空间组合中，还往往将圆形、多边形及不规则形状的房间与矩形房间组合在一起，形成强烈的对比，丰富建筑造型。如图3-5所示是某中学平面图，为了使学生能生活在既严肃又活泼的环境里，教室、阶梯教室、办公室等采用六角形平面，使整个建筑显得生动活泼，富有朝气，这样更有利于学生的健康成长。

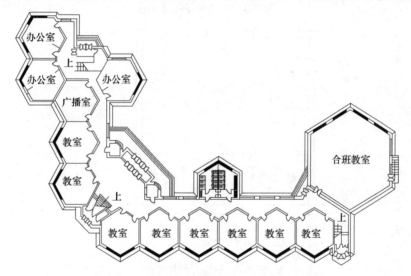

图3-5 某学校六角形的教室平面组合示意图

3. 房间的平面尺寸

房间尺寸是指房间的面宽和进深，而面宽常常是由一个或多个开间组成。在初步确定了房间面积和形状之后，确定合适的房间尺寸便是一个重要的问题了。房间平面尺寸一般应从以下几方面综合考虑。

1) 满足家具设备布置及人们活动要求

如卧室的平面尺寸应考虑床的大小、家具的相互关系，提高床位布置的灵活性。主要卧室要求床能两个方向布置，因此开间尺寸应保证床横放以后剩余的墙面还能开一扇门，开间尺寸常取 3.30 米，深度方向应考虑床位之外再加两个床头柜或衣柜，进深尺寸常取 3.90～4.50 米。小卧室开间考虑床竖放以后能开一扇门，开间尺寸常取 2.70～3.00 米，深度方向应考虑床位之外再加一个学习桌，进深尺寸常取 3.30～3.90 米，如图3-6所示。医院病房主要是满足病床的布置及医护活动的要求，3～4 人的病房开间尺寸常取 3.30～3.60 米，6～8 人的病房开间尺寸常取 5.70～6.00 米，如图3-7所示。

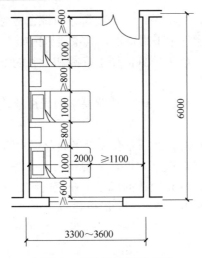

图 3-6　小卧室开间尺寸图

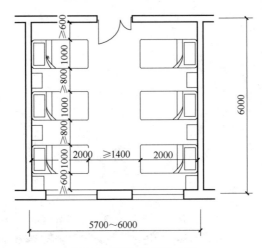

图 3-7　病房开间尺寸图

2)　满足视听要求

有的房间如教室、会堂、观众厅等场所的平面尺寸除满足家具设备布置以及人们活动要求外，还应保证有良好的视听条件。为使前排两侧座位不致太偏，后面座位不致太远，必须根据水平视角、视距、垂直视角的要求，充分研究座位的排列，确定适合的房间尺寸。

从视听的功能考虑，教室的平面尺寸应满足的要求，如图 3-8、图 3-9 所示。

3)　良好的天然采光

民用建筑除少数特殊要求的房间，如演播室、观众厅等以外，均要求有良好的天然采光。一般房间多采用单侧或双侧采光，因此，房间的深度常受到采光的限制。为保证室内采光的要求，一般单侧采光时进深不大于窗上口至地面距离的两倍，双侧采光时进深可较单侧采光时增大一倍。图 3-10 所示为采光方式对房间进深的影响。

4)　经济合理的结构布置

一般民用建筑常采用墙体承重的梁板式结构和框架结构体系。房间的开间、进深尺寸应尽量使构件标准化，同时使梁板构件符合经济跨度要求，所以较经济的开间尺寸是不大于 4.00 米，钢筋混凝土梁较经济的跨度是不大于 9.00 米。对于由多个开间组成的大房间，如教室、会议室、餐厅等，应尽量统一开间尺寸，减少构件类型。

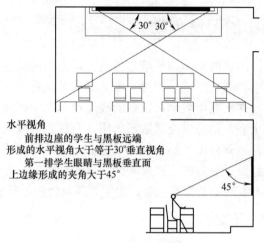

图 3-8 水平视角平面图

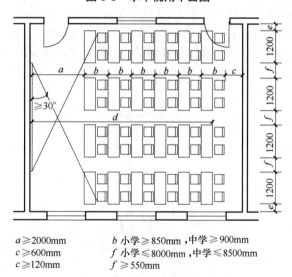

$a \geqslant 2000\text{mm}$ b 小学 $\geqslant 850\text{mm}$ ，中学 $\geqslant 900\text{mm}$
$c \geqslant 600\text{mm}$ f 小学 $\leqslant 8000\text{mm}$ ，中学 $\leqslant 8500\text{mm}$
$c \geqslant 120\text{mm}$ $f \geqslant 550\text{mm}$

图 3-9 教室平面尺寸图

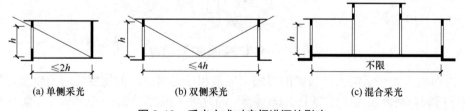

(a) 单侧采光   (b) 双侧采光   (c) 混合采光

图 3-10 采光方式对房间进深的影响

5) 符合建筑模数协调统一标准的要求

为提高建筑工业化水平，必须统一构件类型，减少规格，这就需要在房间开间和进深上采用统一的模数，作为协调建筑尺寸的基本标准。按照建筑模数协调统一标准的规定，

房间的开间和进深一般以 300 毫米为模数。如办公楼、宿舍、旅馆等以小空间为主的建筑，其开间尺寸常取 3.30～3.90 米，住宅楼梯间的开间尺寸常取 2.70 米等。

3.2.3 房间平面中的门窗布置

在房间平面设计中，门窗的大小和数量是否恰当，它们的位置和开启方式是否合适，对房间的平面使用效果也有很大影响。同时，窗的形式和组合方式又和建筑立面设计的关系极为密切，门窗的宽度在平面中表示，它们的高度在剖面中确定，而窗和外门的组合形式又只能在立面中看到全貌。门是供交通联系所用，有时也兼采光和通风。窗的主要功能是采光、通风。同时门窗也是外围护结构的组成部分。因此，门窗的设计是一个综合性问题，其大小、数量、位置及开启方式直接影响到房间的通风和采光、家具布置的灵活性、房间面积的有效利用、人流活动及交通疏散、建筑外观及经济性等各个方面。

1. 门的宽度、数量和开启方式

房间平面中门的最小宽度，是由通过人流多少和搬进房间家具、设备的大小所决定的。例如住宅中卧室、起居室等生活用房间，门的宽度常用 900 毫米左右，这样的宽度可使一个携带东西的人方便地通过，也能搬进床、柜等尺寸较大的家具，如图 3-11 所示。住宅中厕所、浴室的门，宽度只需 700 毫米，阳台的门宽度为 700 毫米即可，即稍大于一个人通过宽度，这些较小的门扇，开启时可以少占室内的使用面积，这对面积紧凑的住宅建筑，尤其显得重要。

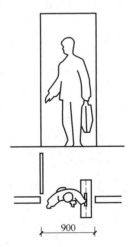

图 3-11　住宅中起居室门的宽度

室内面积较大、活动人数较多的房间，应该相应地增加门的宽度或门的数量，如办公室、教室门洞口宽度应大于或等于 1000 毫米，高度大于或等于 2100 毫米。当门宽大于 1000 毫米时，为了开启方便和少占使用面积，通常采用双扇门，双扇门宽可为 1200～1800 毫米左右；图 3-12 和图 3-13 分别是小学自然教室和中学阶梯教室门的位置和开启方式，一些人流大量集中的公共活动房间，如会场、观众厅等，考虑疏散要求，门的总宽度按每 100 人 600 毫米宽计算，并应设置双扇的外开门。

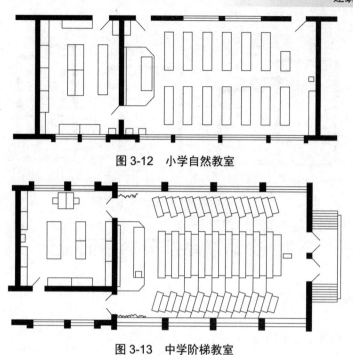

图 3-12 小学自然教室

图 3-13 中学阶梯教室

门窗的开启方式一般有外开和内开两种。使用人数少的小房间，当走廊宽度不大时，一般尽量使通往走廊的门向房间内开启，以免影响走廊交通；使用人数较多的房间，如会议室、餐厅等，考虑疏散的安全，门应开向疏散方向。在平面组合时，由于使用的需要，有时几个门的位置比较集中，要防止门扇开启时发生碰撞或遮挡，如图 3-14 所示。

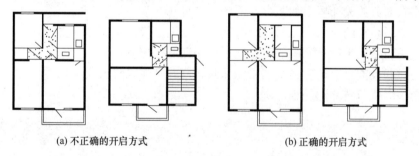

(a) 不正确的开启方式   (b) 正确的开启方式

图 3-14 门的开启方式比较

2. 房间平面中门窗的位置

(1) 门窗位置应尽量使墙面完整，便于家具设备布置和充分利用室内有效面积。一般情况下，当门设于房间一角的时候，可以方便布置家具，但是在宿舍一类房间中，门设置在房间的中央可以方便多布置床位，如图 3-15 所示。

(2) 门窗位置应有利于采光、通风。尤其是窗的设置，应当考虑采光的均匀性。例如在教室设计中，窗与挂黑板墙面的距离如果过近会产生眩光，过远则会形成暗角。窗间墙如果过大，也会形成暗角，如果太小则结构上有可能无法实现。

(3) 门的位置应方便交通，利于疏散。门的位置应面对内部的主要场所，并尽可能使视线投向内部空间的主要部位。门偏于一方，则视线集中；门处于中间，则视线分散于两

房屋建筑学

侧，缺乏视线的聚合感。

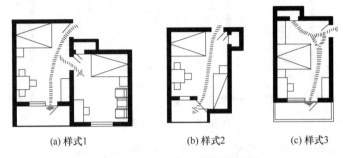

(a) 样式1　　　　　(b) 样式2　　　　　(c) 样式3

图 3-15　房间中门窗的平面位置

3.3　交通联系部分的平面设计

交通联系部分包括水平交通空间(走道)，垂直交通空间(楼梯、电梯、自动扶梯、坡道)，交通枢纽空间(门厅、过厅、中庭)等。一幢建筑物是否适用，除主要使用房间和辅助房间本身及其位置是否恰当外，很大程度上取决于主要使用房间及辅助房间与交通联系部分相互位置是否恰当，以及交通联系部分本身是否使用方便。

交通联系部分的设计，应该尽量满足交通路线简洁顺畅，紧急疏散的时候人流能够迅速组织好，有必要的采光和通风。交通部分的平面应该在满足使用要求的前提条件下，尽量减少面积，以降低造价和投资。各种交通联系部分的空间形式、大小和位置，主要取决于功能关系和建筑空间处理的需要。

交通联系部分的设计要求如下。

(1) 交通联系空间应该有足够的疏散宽度，以满足最基本的通行要求。

(2) 交通路线应当简洁明确，防止迂回，保证通行方便。

(3) 交通联系部分应该有良好的采光和照明，并且注意防火安全。

(4) 应该尽量节省交通面积。

3.3.1　过道

过道(走廊)是连结各个房间、楼梯和门厅等各部分的通道，以解决房屋中的水平联系和疏散问题。

过道的宽度应符合人流通畅和建筑防火要求，通常单股人流的通行宽度约 550～600 毫米。在通行人数少的住宅过道中，考虑到两人相对通过和搬运家具的需要，过道的最小宽度也不宜小于 1100～1200 毫米，如图 3-16(a)所示。在通行人数较多的公共建筑中，按各类建筑的使用特点、建筑平面组合要求、通过人流的多少及根据调查分析或参考设计资料确定过道宽度。公共建筑门扇开向过道时，过道宽度通常不小于 1500 毫米，如图 3-16(b)所示。

过道图片.docx

设计过道的宽度，应根据建筑物的耐火等级、层数和过道中通行人数的多少，进行防火要求最小宽度的校核，如表 3-1 所示。过道从房间门到楼梯间的最大距离，以及袋形过道的长度，从安全疏散角度考虑也有一定的限制，如表 3-2 所示。

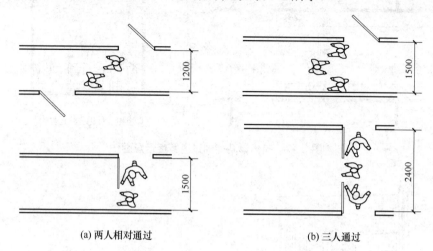

(a) 两人相对通过   (b) 三人通过

图 3-16   人流通行和过道宽度示意图

表 3-1   疏散走道、安全出口、疏散楼梯等每 100 人的净宽度表   (m)

楼层位置	耐火等级		
	一、二级	三级	四级
地上一、二层	0.65	0.75	1.00
地上三层	0.75	1.00	—
地上四层及四层以上各层	1.00	1.25	—
与地面出入口地面的高差不超过 10m 的地下建筑	0.75	—	—
与地面出入口地面的高差超过 10m 的地下建筑	1.00	—	—

表 3-2   直接通向疏散走道至最近安全出口的最大距离表   (m)

名 称	位于两个安全出口之间的疏散门			位于袋形走道两侧或尽端的疏散门		
	耐火等级			耐火等级		
	一、二级	三级	四级	一、二级	三级	四级
托儿所、幼儿园	25	20	—	20	15	—
医院、疗养院	35	30	—	20	15	—
学校	35	30	—	22	20	—
其他民用建筑	40	35	25	22	20	15

　　根据不同建筑类型的使用特点，过道除了交通联系外，也可以兼有其他的使用功能，如学校教学楼中的过道，兼有学生课间休息活动的功能；医院门诊部分的过道，兼有病人候诊的功能等(见图 3-17)，这时过道的宽度和面积相应增加。可以在过道边上的墙上开设高窗或设置玻璃隔断以改善过道的采光通风条件，如图 3-18 所示。为了遮挡视线，隔断可用磨砂玻璃。

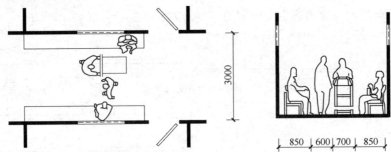

图 3-17　有候诊功能的过道宽度示意图

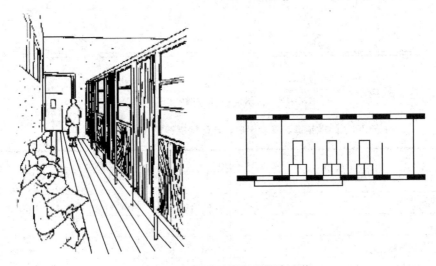

图 3-18　设置玻璃隔断的候诊过道

3.3.2　楼梯

　　楼梯是房屋各层间的垂直交通联系部分，是楼层人流疏散必经的通路。楼梯设计可以根据使用要求和人流通行情况确定梯段和休息平台的宽度，选择适当的楼梯形式，考虑整幢建筑的楼梯数量，以及楼梯间的平面位置和空间组合。

楼梯图片.docx

　　楼梯的宽度，也是根据通行人数的多少和建筑防火要求决定的。梯段的宽度和过道一样，考虑两人相对通过，通常不小于 1100～1200 毫米，如图 3-19(b)所示。一些辅助楼梯，从节省建筑面积的角度出发，把梯段的宽度设计得小一些，考虑到同时有人上下时能有侧身避让的余地，梯段的宽度也不应小于 850～900 毫米，如图 3-19(a)所示。所有梯段宽度的尺寸，也都需要以防火要求的最小宽度进行校核。楼梯平台的宽度，除了考虑人流通行外，还需要考虑搬运家具的方便，平台的宽度不应小于梯段的宽度，如图 3-19(d)所示。由梯段、平台、踏步等尺寸所组成的楼梯间的尺寸，在装配式建筑中还需结合建筑模数制的要求适当调整，如采用预制构件的单元式住宅，楼梯间的开间常采用 2400 毫米或 2700 毫米。

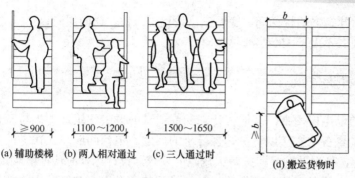

(a) 辅助楼梯   (b) 两人相对通过   (c) 三人通过时   (d) 搬运货物时

图 3-19　楼梯梯段和平台的通行宽度示意图

楼梯.mp4

1. 楼梯的功能

楼梯是二层以上建筑不可缺少的部分，它能够起到垂直交通联系、安全疏散和公共建筑的空间造型的作用。

2. 楼梯的位置

民用建筑楼梯的位置按其使用性质可分为主要楼梯、次要楼梯、消防楼梯等。建筑的主要楼梯常常位于主要出入口的附近或者直接布置在主门厅内，成为视线的焦点，起到及时分散人流的作用。

3. 楼梯的组成

楼梯主要是解决上下楼层之间的交通问题，由有踏步的梯段、水平的休息平台加上栏杆或者栏板几部分组成。

4. 楼梯的形式

楼梯的形式主要有单跑梯、双跑梯、三跑梯、弧形梯、螺旋楼梯等形式。

5. 楼梯的数量

楼梯的数量应根据使用人数及防火规范要求来确定，必须满足走道内房间门至楼梯间的最大距离的限制，在通常情况下，对于楼梯的数量有以下要求。

(1) 公共建筑和走廊式住宅一般应该至少有两部楼梯，单元式住宅可以例外。

(2) 2～3 层的建筑(医院、疗养院、托儿所、幼儿园除外)，可以设置一个疏散楼梯。

(3) 九层和九层以下，每层建筑面积不超过 300 平方米，且人数不超过 30 人的单元式住宅可以设置一个楼梯。

(4) 九层和九层以下建筑面积不超过 500 平方米的塔式住宅，可以设置一个楼梯。

6. 楼梯的设计要求

(1) 主要楼梯应该设置在主要出入口的附近，并且位置明显，同时要避免和水平交通在交接处拥挤、堵塞。

(2) 满足防火要求，不得向室内任何一个房间开窗，楼梯间四周的墙壁必须为防火墙，对防火要求高的建筑物特别是高层应该设计成封闭式楼梯或者防烟楼梯。

(3) 楼梯间要有良好的天然采光条件。

(4) 五层及五层以上建筑物的楼梯间，底层应该设置出入口；在四层及以下的建筑物，楼梯间可以放在距离出入口不大于 15 米处。

3.3.3 电梯与自动扶梯

高层建筑的垂直交通以电梯为主，其他有特殊功能要求的多层建筑，如大型宾馆、百货公司、医院等，还需设置自动扶梯以解决垂直升降的问题。电梯间应布置在人流集中的地方，如门厅、出入口等，位置要明显；按防火规范的要求，设计电梯时应配置辅助楼梯，供电梯发生故障时使用。布置时可将两者靠近，以便灵活使用及安全疏散。电梯按其使用性质可分为乘客电梯、载货电梯、消防电梯、客货两用电梯、杂物梯等几类。电梯的布置形式一般有单侧式、双面式。

自动扶梯能大量、连续地输送流动客流，除了提供乘客一种既方便又舒适的上下楼层间的运输工具外，还可以引导乘客和顾客游览、购物，并具有良好的装饰效果。在具有频繁而连续人流的大型公共建筑中，如百货大楼、展览馆、游乐场、火车站、地铁站、航空港等，自动扶梯可正向、逆向运行，如图 3-20 所示。由于自动扶梯运行的人流都是单向，不存在侧身避让的问题，因此，其梯段宽度较楼梯小，通常为 600～1000 毫米。

电梯.mp4

电梯与自动扶梯
图片.docx

图 3-20　百货大楼自动扶梯实物图

自动扶梯.mp4

3.3.4 门厅、过厅

门厅作为交通枢纽还兼具导向性功能，其主要作用是接纳、分配人流，室内外空间过渡及各方面交通的衔接。使用者在门厅或过厅中应能很容易发现其所希望到达的通道、出入口或楼梯、电梯等部位，而且能够很容易选择和判断通往这些处所的路线，在行进中又较少受到干扰。

同时，根据建筑物使用性质的不同，门厅还兼有其他功能，如医

门厅图片.docx

院门厅常设挂号、收费、取药的房间；旅馆门厅兼有休息、会客、接待、登记、小卖部等功能。兼有其他用途的门厅仍应将供交通的部分明确区分开来，不要同其他功能部分互相干扰，同时有效地组织其交通的流线。和所有交通联系部分的设计一样，疏散出入安全也是门厅设计的一个重要内容，门厅对外出入口的总宽度，应不小于通向该门厅的过道、楼梯宽度的总和，人流比较集中的公共建筑物，门厅对外出入口的宽度，一般按每 100 人 600 毫米计算。外门的开启方式应向外开启或采用弹簧门扇。

根据不同建筑类型平面组合的特点，以及房屋建造所在基地形状、道路走向对建筑中门厅设置的要求，门厅的布局通常有对称和不对称两种。对称的门厅有明显的轴线，如果起主要交通联系作用的过道或主要楼梯沿轴线布置，主导方向较为明确，如图 3-21(a)所示。不对称的门厅，如图 3-21(b)所示。由于门厅中没有明显的轴线，交通联系主次的导向，往往需要通过对走廊口门洞的大小、墙面的透空和装饰处理以及楼梯踏步的引导等设计手法，使人们易于辨别交通联系的主导方向。

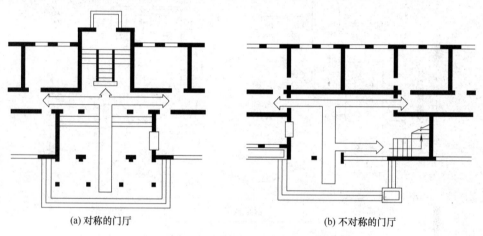

(a) 对称的门厅　　　　　　　　　　　　　　(b) 不对称的门厅

图 3-21　建筑中门厅平面示意图

过厅通常设置在过道和过道之间或过道和楼梯的连接处，它起到交通路线的转折和过渡的作用，有时为了改善过道的采光、通风条件，也可以在过道的中部设置过厅，如图 3-22 所示。

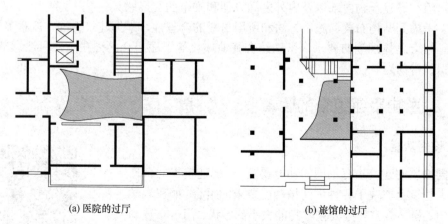

(a) 医院的过厅　　　　　　　　　　　　　(b) 旅馆的过厅

图 3-22　建筑平面中的过厅平面布置图

3.4 建筑平面的组合设计

建筑平面组合设计就是将建筑平面中的使用部分、交通联系部分有机地联系起来，使之成为一个使用方便、结构合理、体型简洁、构图完整、造价经济及与环境协调的建筑物。例如商场建筑中的营业厅属于主要使用部分，库房属于辅助使用部分，加上交通面积的合理安排，就形成了符合建筑功能要求的平面组合，如图 3-23 所示。借助功能分析图，或称之为气泡图可以归纳、明确使用部分的功能分区，兼顾其他的可能性，尤其建筑的结构传力系统的布置。

建筑平面设计.mp4

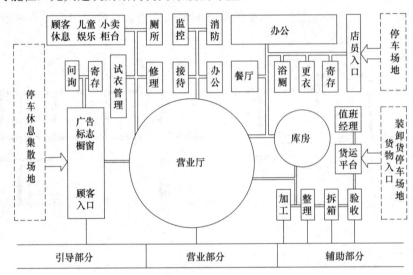

图 3-23 商场建筑中的功能组合设计示意图

建筑平面组合设计的主要任务如下。

(1) 根据建筑物的使用和卫生等要求，合理安排建筑各组成部分的位置，并确定它们的相互关系。

(2) 组织好建筑物内部以及内外之间方便和安全的交通联系。

(3) 考虑到结构布置、施工方法和所用材料的合理性，掌握建筑标准，注意美观要求。

(4) 符合总体规划的要求，密切结合基地环境等平面组合的外在条件，注意节约用地和环境保护等问题。

3.4.1 影响平面组合的因素

1. 使用功能

不同性质的建筑物有不同的功能要求。一栋建筑物的合理性在很大程度上取决于各种房间按功能要求的组合。如在教学楼设计中，虽然教室和办公室本身的大小、形状、门窗布置均满足使用要求，但它们之间的相互关系及走道、门厅、楼梯的

音频.影响平面组合的因素.mp3

布置若不合理，就会造成不同程度的干扰，由于人流交叉而使用不便。满足使用功能是平面组合设计的核心。

2. 功能分区

合理的功能分区是将建筑物若干部分按不同的功能要求进行分类，并根据它们之间的密切程度加以划分，使之既区分明确又联系方便。在分析功能关系时，常借助于功能分析图来形象地表示各类建筑物的功能关系及联系顺序。按照功能分析图将性质相同、联系密切的房间邻近布置或组合在一起，对不同使用性质的房间适当分隔，既可以满足联系密切的要求，又可以创造相对独立的使用环境。

3. 顺序与流线

民用建筑因使用性质、特点不同，各种空间往往有一定顺序，人或物在这些空间使用过程中流动的路线，简称为流线，而流线又可分为人流及物流两类。在平面组合设计中，单个房间一般是按使用流线的顺序关系有机地组合起来的。所谓流线组织明确，即是要使各种流线简洁、通畅，不迂回逆行，尽量避免交叉。因此，流线组织合理与否，直接能响到平面组合是否紧凑、合理，平面利用是否经济等。

4. 结构体系

建筑结构与材料是构成建筑物的物质基础，在很大程度上影响着建筑的平面组合。平面组合的过程，同时也是选定结构形式的过程。因此，平面组合在考虑满足使用功能要求的前提下，应选择经济合理的结构方案，并使平面组合与结构布置协调一致。

目前民用建筑常用的结构类型有三种，即混合结构、框架结构、空间结构。

1) 混合结构

建筑物的主要承重构件有墙、柱、梁板、基础等，以砖墙和钢筋混凝土梁板的混合结构最为普遍。这种结构形式的优点是构造简单、造价较低；其缺点是房间尺寸受钢筋混凝土梁板经济跨度的限制，室内空间小，开窗也受到限制，仅适用于房间开间和进深尺寸较小、层数不多的中小型民用建筑，如住宅、中小学校、医院及办公室等。

2) 框架结构

框架结构的主要特点是：承重系统与非承重系统分工明确，支撑建筑空间的骨架是承重系统，而分隔室内外空间的围护结构和轻质隔墙是不承重的。其优点是强度高，整体性好，刚度大，抗震性好，平面布局灵活性强，开窗较自由，适用于开间、进深较大的商店、教学楼、图书馆之类的公共建筑以及多、高层住宅，旅馆等。框架结构可以创造宽敞的空间。

3) 空间结构

随着建筑技术、建筑材料和结构理论的进步，新型高效的建筑结构也有了飞速的发展，出现了各种大跨度的新型空间结构，如壳体、悬索、网架、膜等。其空间结构支承系统各向受力，可以较为充分地发挥材料的性能，因而结构自重小，是覆盖大型空间的理想结构形式。

3.4.2　建筑平面组合设计形式

建筑物的平面组合，是综合考虑房屋设计中内外多方面因素，反复推敲所得的结果。建筑功能分析和交通路线的组织，是形成各种平面组合方式内在的主要根据，通过功能分析初步形成的平面组合方式，大致可以归纳为四种，即走廊式组合、套间式组合、大厅式组合和单元式组合。

1. 走廊式组合

走廊式组合是在走廊的一侧或两侧布置房间的组合方式，房间的相互联系和房屋的内外联系主要通过走廊。走廊式组合能使各个房间不被穿越，较好地满足各个房间单独使用的要求。这种组合方式，常见于单个房间面积不大、同类房间多次重复的平面组合，如办公楼、学校、旅馆、宿舍等建筑，工作、学习或生活等使用房间的组合，如图 3-24 所示。

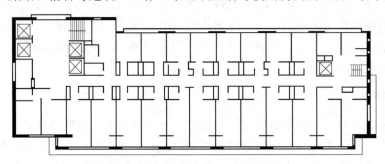

图 3-24　内廊式旅馆组合平面图

2. 套间式组合

套间式组合是房间之间直接穿通的组合方式。套间式的特点是房间之间的联系最简捷，把房屋的交通联系面积和房间的使用面积结合起来，通常是在房间的使用顺序和连续性较强，使用房间不需要单独分隔的情况下形成的组合方式，如展览馆、车站、浴室等建筑主要采用套间式组合，如图 3-25 所示；对于活动人数少，使用面积要求紧凑、联系简捷的住宅，在厨房、起居室、卧室之间也常采用套间布置。

3. 大厅式组合

大厅式组合是在人流集中、厅内具有一定活动特点并需要较大空间时形成的组合方式。这种组合方式常以一个面积较大、活动人数较多、有一定的视听等使用特点的大厅为主，辅以其他的辅助房间。如剧院、会场、体育馆等建筑类型的平面组合，如图 3-26 所示。

4. 单元式组合

将关系密切的房间组合在一起成为一个相对独立的整体，称为单元。将一种或多种单元按地形和环境情况在水平或垂直方向重复组合起来成为一幢建筑，这种组合方式称为单元式组合。单元式组合的优点如下。

(1)　能提高建筑标准化，节省设计工作量，简化施工。

(2)　功能分区明确，平面布置紧凑，单元与单元之间相对独立，互不干扰。

(3)　布局灵活，能适应不同的地形，满足朝向要求，形成多种不同组合形式。

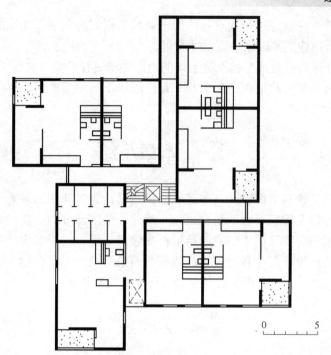

图 3-25 住宅单元的套间平面布置图

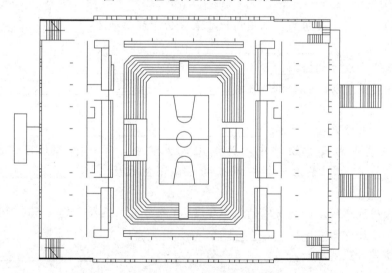

图 3-26 体育馆平面组合示意图

因此，单元式组合广泛用于大量性民用建筑，如住宅、学校、医院等。

3.4.3 建筑平面组合与总平面的关系

任何一幢建筑物或建筑群都不是孤立存在的，总是处于一个特定的环境之中，其在基地上的位置、形状、平面组合、朝向、出入口的布置及建筑造型等都必然受到其地基条件的制约。由于地基条件不同，相同类型和规模的建筑会有不同的组合形式，即使是地基条件相同，由于周围环境不同，其组合也不尽相同。为使建筑既满足使用要求，又能与地基环境协调一致，首先应做好总平面设计，即结合城市规划的要求、场地的地形地质条件、朝向、绿化以及周围建筑等因素进行总体布置。

总平面功能分区是将各部分建筑按不同的功能要求进行分类，将性质相同、功能相近、联系密切、对环境要求一致的部分划分在一起，组成不同的功能区，各区相对独立并成为一个有机的整体。

本章小结

本章主要介绍了建筑平面设计，即建筑物平面设计包含使用部分的平面设计、交通联系部分的平面设计以及建筑平面的组合设计三部分。使用部分的平面设计主要介绍了使用房间的分类、面积和房间平面中门窗的布置；交通联系部分的平面设计主要介绍了过道、楼梯、电梯、自动扶梯、门厅和过厅等；建筑平面组合设计主要介绍了影响组合设计的因素、组合设计形式以及建筑平面组合与总平面的关系等知识。

实训练习

一、填空题

1. 民用建筑的平面组成，从使用性质来分析，可归纳为_____和_____，使用部分包括_____和_____。

2. 建筑平面设计包括_____及_____。

3. 民用建筑中房间的面积一般由_____、_____、_____三部分组成。

4. 房间的尺寸是指房间的_____和_____。

5. 在教室平面尺寸设计中，为满足视听要求，第一排座位距黑板的距离必须_____，最后一排距黑板的距离不宜大于_____，水平视角应_____。

6. 防火规范中规定，当房间的面积超过 60 平方米，且人数超过 50 人时，门应向外开，门的数量不应少于_____个。

7. 厨房设计应解决好_____、_____、_____等问题。

8. 走道的宽度和长度主要根据_____、_____以及_____来综合考虑。

9. 楼梯设计主要根据使用需要和安全疏散要求选择_____、_____、_____。

二、单选题

1. 为防止最后一排座位距黑板过远，后排座位距黑板的距离不宜大于(   )。
   A. 8 米　　　　　B. 8.5 米　　　　　C. 9 米　　　　　D. 9.5 米

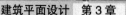

2. 为避免学生过于斜视而影响视力，水平视角及前排边座与黑板远端的视线夹角应大于等于( )度。

    A. 10   B. 15   C. 20   D. 30

3. 一般单股人流通行最小宽度取( )。

    A. 450 毫米   B. 500 毫米   C. 240 毫米   D. 550 毫米

4. 住宅中卧室、厨房、阳台的门宽一般取为( )。

    A. 1000、900、800   B. 900、800、700

    C. 900、800、800   D. 900、900、900

5. 耐火等级为一级的一般民用建筑，其位于袋形走道两侧或尽端的房间，距外部出口或封闭楼梯间的最大距离不应超过( )。

    A. 22 米   B. 23 米   C. 24 米   D. 25 米

6. 一般供单人通行的楼梯净宽度应不小于( )。

    A. 650 毫米   B. 750 毫米   C. 850 毫米   D. 900 毫米

三、简答题

1. 平面设计包含哪些基本内容？

2. 确定房间面积大小时应考虑哪些因素？试举例分析。

3. 影响房间形状的因素有哪些？试举例说明为什么矩形房间被广泛采用。

第 3 章课后答案.docx

实训工作单

班级		姓名		日期	
教学项目		建筑平面设计			
任务	掌握具体的建筑平面设计		方式	对建筑平面设计的掌握	
相关知识			建筑设计		
其他要求					

简单的模拟平面设计记录

| 评语 | | | | 指导老师 | |

第 4 章　建筑剖面设计

【教学目标】

【教学目标】

- 了解房间剖面形状设计。
- 知道房间各部分高度的确定。
- 掌握房屋的层数设计。
- 熟悉建筑空间的组合与利用。

【教学要求】

第 4 章　建筑剖面设计.pptx

本章要点	掌握层次	相关知识点
房间的剖面形状	1. 剖面设计的内容 2. 剖面设计的影响因素	房间剖面形状设计
房间各部分高度确定	1. 层高和净高概念 2. 底层地坪标高	房间高度设计
房屋的层数	1. 使用性质要求 2. 各种影响因素要求	房屋层数设计
建筑空间的组合和利用	1. 建筑空间的组合 2. 建筑空间的利用	建筑空间的组合和利用的设计

【案例导入】

工程实例：某办公楼接建工程，如图 4-1 所示。

剖面设计上根据具体需要，确定不同的净高、层高。并确保新建建筑总高度不超过24m。新建建筑地下一层为车库，主要停放小型车辆，净高要求不低于 2.2m，考虑到结构要求和设备管线要求，层高确定为3.3m。一层至五层为普通办公室和会议室，净高不小于2.6m，考虑结构要求及与原建筑层高相同，所以一层层高确定为3.6m，二层层高为3.9m；三层至五层层高确定为 3.6m。六层为大要案指挥中心及电视、电话会议室，由于人数相对较多，净高要求相对高一些，层高确定为4.1m。

竖向组合上充分考虑不同层高房间的组合，将层高相近的房间组合在一起，层高低的组合在建筑下部，层高高的组合在建筑顶部，有利于日常使用和结构布置。由于一层层高较低门厅部分采用了回马廊的做法，使入口门厅显得高大、气派。卫生间、设备房、开水

间等上下对位布置，节省了设备管线，避免了对其他房间的影响。(见第 2 章背景知识中平面图)

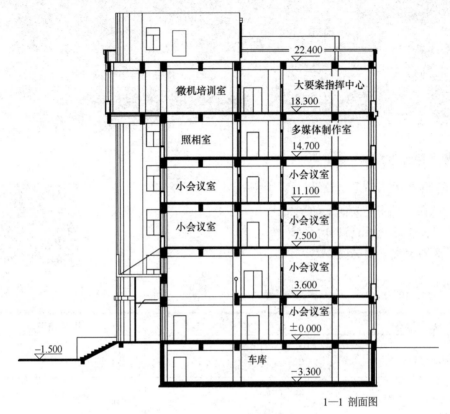

1—1 剖面图

图 4-1　某办公楼接建工程剖面图

 【问题导入】

结合本章的学习，谈谈你对建筑剖面设计的理解。

4.1　房间的剖面形状

　　建筑剖面图是表示建筑物在垂直方向房屋各部分的组合关系。剖面设计主要分析建筑物各部分应有的形状、高度、建筑层数、建筑空间的组合和利用，以及建筑剖面中的结构、构造关系等。它和房屋的使用、造价和节约用地等有密切关系，也反映了建筑标准的一个方面。其中一些问题需要平、剖面结合在一起研究，才能具体确定下来。如平面中房间的分层安排、各层面积大小和剖面中房屋层数的通盘考虑，大厅式平面中不同高度房间竖向组合的平、剖面关系，以及垂直交通联系的楼梯间中层高和进深尺寸的确定等。

音频.确定房间剖面
形状的因素.mp3

4.1.1 剖面设计的内容

房间的剖面形状分为矩形和非矩形两类，由于人的活动行为以及家具设备的布置，地面和顶棚以水平的平面形状最为有利。矩形剖面形状简单、规整，便于竖向空间组合，且结构简单，施工方便，节约空间，有利于布置梁板等构件。一般建筑物均采用矩形的剖面形状。

非矩形剖面常用于有特殊要求的房间。例如公共浴室为了防止滴水，天花板往往做成弧形；影剧院的观众厅为了满足视线和声学方面的要求，常常采用比较复杂的剖面形式。房间的剖面形状主要是根据使用要求和特点来确定，同时也要结合具体的物质技术、经济条件及特定的艺术构思考虑，使之既满足使用，又能达到一定的艺术效果。

在建筑设计的过程中，为确定建筑物各部分在垂直方向的组合关系，需要对建筑剖面进行研究，即通过在适当的部位将建筑物从上至下垂直剖切开来，令其内部的结构得以暴露，得到该剖切面的正投影图，如图 4-2 所示。建筑剖面设计是根据建筑的功能要求来确定房间的剖面形状，同时必须考虑剖面形状在垂直方向房屋各部分的组合关系。剖面设计主要包括：建筑物在各部分空间的高度、剖面形式、建筑层数、建筑空间的组合和利用以及建筑剖面中的结构、构造关系等。

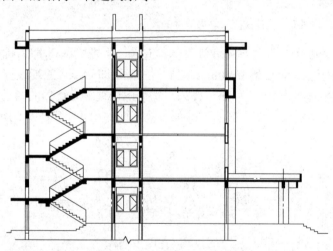

建筑剖面设计.mp4

图 4-2　某厂区办公楼的剖面图

4.1.2 使用要求对剖面形状的影响

在民用建筑中，绝大多数的建筑是属于一般功能要求的，如住宅、学校、办公楼、旅馆、商店等。这类建筑房间的剖面形状多采用矩形。对于某些特殊功能要求(如视线、音质等)的房间，则应根据使用要求选择适合的剖面形状。

1. 视线的可视性要求

有视线要求的房间主要是影剧院的观众厅、体育馆的比赛大厅、教学楼中阶梯教室等。这类房间除平面形状、大小满足一定的视距、视角要求外，地面还应有一定的坡度，以保

证良好的视觉要求，即舒适、无遮挡地看清对象。

地面的升起坡度与设计视点的选择、座位排列方式(即前排与后排对位或错位排列)、排距、视线升高值 C(即后排与前排的视线升高差)等因素有关。

设计视点是指按设计要求所能看到的极限位置，以此作为视线设计的主要依据。各类建筑由于功能不同，观看对象性质不同，设计视点的选择也不一致。如电影院定在银幕底边的中点，这样可保证观众看清银幕的全部；体育馆定在篮球场边线或边线上空 300～500mm 处，等等。设计视点选择是否合理，是衡量视觉质量好坏的重要标准，直接影响到地面升起的坡度和经济性。设计视点愈低，视觉范围愈大，但房间地面升起的坡度愈大；设计视点愈高，视野范围愈小，地面升起的坡度就平缓。一般来说，当观察对象低于人的眼睛时，地面起坡大，反之则起坡小。如图 4-3 所示的是电影院和体育馆设计视点与地面坡度的关系。

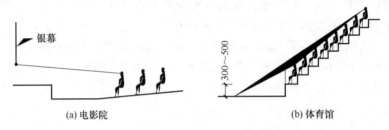

图 4-3　设计视点与地面坡度的关系

视线升高值 C 的确定与人眼到头顶的高度和视觉标准有关，当错位排列(即后排人的视线擦过前面隔一排人的头顶而过)时，C 值取 60mm；当对位排列(即后排人的视线擦过前排人的头顶而过)时，C 值取 120mm。以上两种座位排列法均可保证视线无遮挡的要求。

视觉标准与地面升起的关系及中学演示教室的地面升高剖面如图 4-4 和图 4-5 所示。

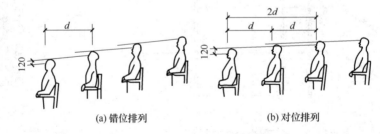

图 4-4　视觉标准与地面升起的关系

2. 音质的可听性要求

建筑中关于声学方面的设计主要包括两个方面：一是对于噪声的控制，即建筑隔声；二是对于声音的设置，即室内音质。我们在这里讨论后一个问题，大厅式活动用房音质设计中的一些基本知识。

凡剧院、电影院、会堂等建筑，大厅的音质要求对房间的剖面形状影响很大。为保证室内声场分布均匀，防止出现空白区、回声和聚焦等现象，在剖面设计中要注意顶棚、墙面和地面的处理。为有效地利用声能，加强各处直达声，必须使大厅地面逐渐升高。除此以外，顶棚的高度和形状是保证听得清楚、真实的一个重要因素。它的形状应使大厅各座位都能获得均匀的反射声，并能加强声压不足的部位。一般来说，凹面易产生聚焦，声场分布不均匀，凸面是声扩散面，不会产生聚焦，声场分布均匀。为此，大厅顶棚应尽量避免采用凹曲面或拱顶。观众厅的几种剖面形状示意如图4-6所示。

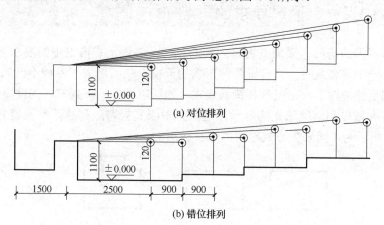

(a) 对位排列

(b) 错位排列

图4-5 中学演示教室的地面升高剖面

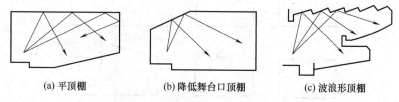

(a) 平顶棚   (b) 降低舞台口顶棚   (c) 波浪形顶棚

图4-6 观众厅的几种剖面形状示意

4.1.3 材料、结构形式及施工的影响

　　房间的剖面形状不仅要满足使用要求，而且还应考虑结构类型、材料及施工的影响，长方形的剖面形状规整、简洁有利于梁板式结构布置，同时施工也较简单。即使有特殊要求的房间，在能满足使用要求的前提下，也宜优先考虑采用矩形剖面。

　　不同的结构类型对房间的剖面形状有一定的影响，大跨度建筑的房间剖面由于结构形式的不同而形成不同于砖混结构的内部空间特征，如北京体育馆比赛大厅(见图4-7)采用跨度为50多米的三铰拱钢桁架，既满足了使用要求，又具有独特的空间形状。

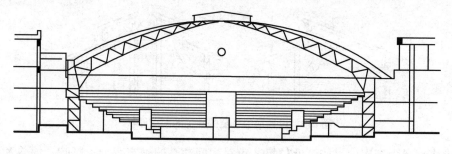

图4-7 北京体育馆比赛大厅

钢筋混凝土结构的屋顶，一般为平屋面，跨度较小，一般6～8米；钢结构屋顶，平面

结构形式一般采用桁架体系，跨度可比钢筋混凝土结构屋顶要大一些，达 10 米以上；而采用空间结构形式时，其跨度可以达到相当大的程度，可达几十米以上。

4.1.4　室内采光、通风要求的影响

一般进深不大的房间，采用侧窗采光和通风已足够满足室内卫生的要求。当房间进深较大、侧窗不能满足要求时，常设置各种形式的天窗，从而形成了各种不同的剖面形状。

有的房间虽然进深不大，但具有特殊要求，如展览馆中的陈列室，为使室内照度均匀、稳定、柔和，并减轻和消除眩光的影响，避免直射阳光损害陈列品，常设置各种形式的采光窗。图 4-8 所示为不同采光方式对剖面形状的影响。

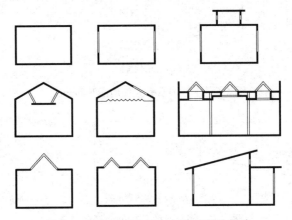

图 4-8　不同采光方式对剖面形状的影响

对于在操作过程中散发出大量蒸汽、油烟的房间，可在顶部设置排气窗以加速排除有害气体，如图 4-9 所示。

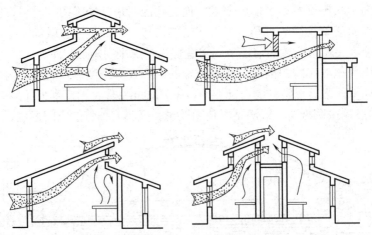

图 4-9　设置顶部气窗的厨房的剖面形状

室内进出风口在剖面上的高低位置，也对房间净高的确定有一定影响。温热和炎热地区的民用房屋，经常利用空气的气压差，对室内组织穿堂风。例如可在内墙上开设高窗，或在门上设亮子，使气流通过内外墙的窗，组织穿堂风。

4.2 房间各部分高度的确定

建筑剖面设计中除了各个房间的剖面形状需要确定之外，还需要分别确定房屋的层高和室内地坪的标高。

4.2.1 层高和净高的概念

房间净高是指室内楼地面到顶棚底表面之间的垂直距离，如果房间顶棚下有暴露的梁，则净高应算至梁底面。在有楼层的建筑中，楼层层高是指上下相邻两层楼(地)面间的垂直距离。房间净高与楼板结构构造厚度之和就是层高，如图4-10所示。

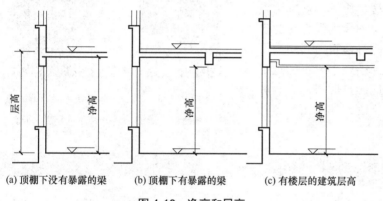

(a) 顶棚下没有暴露的梁　　(b) 顶棚下有暴露的梁　　(c) 有楼层的建筑层高

图4-10 净高和层高

房屋净高.docx

音频.确定房间层高
与净高的因素.mp3

在满足卫生和使用要求的前提下，适当降低房间的层高，从而降低整幢房屋的高度，对于减轻建筑物的自重、改善结构受力情况、节省投资和用地都有很大意义。以大量建造的住宅建筑为例，层高每降低100mm，可以节省投资1%，由于减少间距可节约居住区的用地2%左右，但是房屋层高的最后确定，仍然需要综合功能、技术经济和建筑艺术等多方面的要求。

4.2.2 底层地坪标高

为了防止室外雨水流入室内，并防止墙身受潮，一般民用建筑常把室内地坪适当提高，如室内地坪高出室外地坪450mm左右。根据地基的承载能力和建筑物自重的情况，房屋建成后总会有一定的沉降量，这也是考虑室内外地坪高差的因素。一些地区内防潮要求较高的建筑物，还需要参考有关洪水水位的资料以确定室内地坪标高。建筑物所在基地的地形起伏变化较大时，需要根据地段道路的路面标高、施工时的土方量以及基地的排水条件等因素综合分析后，选定合适的室内地坪标高。有的公共建筑，如纪念性建筑或一些大型会场等，从建筑物的造型要求考虑，常提高底层地坪的标高，以增高房屋外的台基和增多室外的踏步，从而使建筑物显得更加宏伟庄重。

建筑设计常取底层室内地坪相对标高为±0.000，低于底层地坪为负值，高于底层地坪为正值，逐层累计。对于一些易于积水或需要经常冲洗的地方，如开敞的外廊、阳台以及厨房等，地坪标高应稍低一些(约低20～50mm)，以免溢水。

4.3　房屋的层数

影响确定房屋层数的因素很多，主要有房屋本身的使用要求、城市规划(包括节约用地)的要求、选用的结构类型以及建筑防火等。

4.3.1　使用性质要求

对于使用人数不多、室内空间高度较低的建筑，如住宅、办公楼、旅馆等可采用多层和高层，利用楼梯、电梯作为垂直交通工具。对于托儿所、幼儿园等建筑，其层数不宜超过三层；医院门诊部层数也以不超过三层为宜。小学教学楼不应超过四层，中学教学楼不应超过五层；影剧院、体育馆等公共建筑也宜建成低层。

音频.确定建筑物的
层数的因素.mp3

体现使用性质与层数
关系的图片.docx

4.3.2　建筑结构和材料的要求

建筑结构类型和材料是决定房屋层数和总高度的基本因素，各种结构体系的适用层数应按照相关规范标准执行。混合结构的建筑一般为1～6层，常用于大量的一般性民用建筑；采用梁柱承重的框架结构、剪力墙结构或框架剪力墙结构等结构体系一般为多层和高层建筑；空间结构体系，如薄壳、网架、悬索等则适用于低层大跨度建筑，如影剧院、体育馆、仓库、食堂等。

4.3.3　建筑环境与城市规划要求

房屋的层数与所在地段的面积大小、高低起伏变化有关。在建筑用地面积较小的情况下，为了达到一定的总建筑面积，就需要增加房屋的层数；地势变化陡，从减少土石方、布置灵活考虑，建筑物的开间、进深不宜过大，从而建筑物的层数可相应增加。

从改善城市面貌和节约用地考虑，城市规划常对城市内各地段的新建房屋明确规定建造的层数或建筑高度。城市航空港附近的一定地区，从飞行安全考虑也对新建房屋层数和总高有所限制。为控制每个局部区域的人口密度，可通过调整住宅的层数来调整居住区的容积率。位于城市街道两侧、广场周围等，必须重视建筑与环境的关系，做到与周围建筑物、道路绿化等协调一致。而风景园林应以自然环境为主，充分借助大自然的美来丰富建筑空间，并通过建筑处理使风景增色，因此宜采用小巧、低层的建筑群。如苏州怡园，采用分散底层的建筑布局，使建筑与景色融为一体，如图4-11所示。

图 4-11　苏州怡园

苏州园林.docx

4.3.4　建筑防火要求

根据建筑设计防火规范的规定，对不同性质和不同高度的建筑有不同的消防要求，建筑物的层数受到建筑物的耐火等级的限制，如一级二级耐火等级的多层房屋，住宅应建九层或九层以下，公共建筑高度不应超过 24m；三级耐火等级应建五层及五层以下；四级耐火等级的房屋应建二层及二层以下。

4.4　建筑空间的组合与利用

4.4.1　建筑空间的组合

建筑空间组合就是根据内部使用要求，结合基地环境等条件将各种不同形状、大小、高低的空间组合起来，使之成为使用方便、结构合理、体型简洁完美的整体。

1. 空间组合的设计原则

空间组合设计的原则是结构布置合理，有效利用空间，建筑体型美观。一般情况下可以将使用性质近似、高度又相同的部分放在同一层内；空旷的大空间尽量设在建筑顶层，避免放在底层形成"下柔上刚"的结构或是放在中间层造成结构刚度的突变；利用楼梯等垂直交通枢纽或过厅、连廊等来连接不同层高或不同高度的建筑段落，既可以解决垂直的交通联系，又可以丰富建筑体型。图 4-12 所示为大小、高低不同的空间组合。

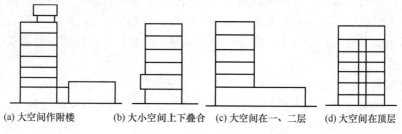

(a) 大空间作附楼　　(b) 大小空间上下叠合　(c) 大空间在一、二层　(d) 大空间在顶层

图 4-12　大小、高低不同的空间组合

2. 组合方法

1) 高度相同或接近的房间组合

这类组合常采用走道式和单元式的组合方式，如住宅、医院、学校、办公楼等。常将使用性质接近，而且层高相同的房间，如教学楼中的普通教室和实验室，住宅中的卧室等组合在同一层并逐层向上叠加，用楼梯将各垂直排列的空间联系起来构成一个整体，结构布置也合理。注意在组合过程中，尽可能统一房间的高度。有的建筑由于使用要求或房间大小不同，出现了高低差别。如学校中的教室和办公室，可将它们分别集中布置，以小空间为主灵活布置大空间，采取不同的层高，以楼梯或踏步来解决两部分空间的垂直交通联系，如图 4-13 所示。

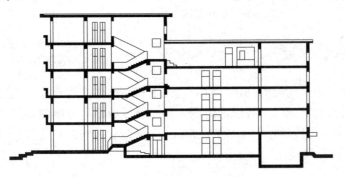

图 4-13　教学楼不同层高的剖面处理

2) 高度相差较大房间的组合

高度相差较大的房间，在单纯剖面中可以根据房间实际要求所需的设计，设置不同高度的屋顶。分为单层建筑的组合和多层建筑的组合。

单层建筑组合时，单层的剖面便于房间中各部分人流或物品和室外直接联系，它适应于覆盖面及跨度较大的结构布置及一些顶部要求自然采光和通风的房屋。根据房间实际需要的高度进行等高、不等高和夹层组合，剖面上呈不同高度变化，如车站和展览厅等。

在多层建筑中，对于层高相差较大的房间，可以把少量面积较大、层高较高的房间设置在底层、顶层或作为单独部分(裙房)附设于主体建筑。具体措施可采取以大空间为主穿插布置小空间、以小空间为主灵活布置大空间和综合性空间组合。

3. 错层、跃层和复式住宅组合

1) 错层

错层剖面是指建筑物的纵向剖面或者横向剖面中，房间几部分之间的楼地面高低错开。在同一楼层上形成了不同的楼面标高，称为错层设计，如图 4-14 所示。应当注意，错层的建筑物交通组织不应该过于复杂，抗震设防地区需要采取措施解决错层对建筑刚度的影响。

2) 跃层

跃层建筑主要用于住宅建筑当中，是指室内空间跨越两楼层及两层以上的住宅。有上下两层楼面、卧室、走道及其他辅助用房，上下层之间的通道不经过公共楼梯，而是采用户内独立的小楼梯联系。

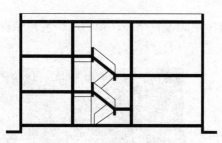

图 4-14 以平台练习错层空间

复式住宅.mp4

3) 复式住宅

复式住宅源于香港设计师李鸿仁设计的一种经济住宅样式。在层高较高的一层中设置一夹层，两层合计的层高要大大低于跃层式住宅。复式住宅下层供起居、厨房、进餐用，上层供休息、睡眠和储藏。

4.4.2 建筑空间的利用

建筑空间的利用涉及建筑的平面及剖面设计。充分利用室内空间不仅可以增加使用面积、节约投资，而且，如果处理得当还可以起到改善室内空间比例、丰富室内空间艺术的效果。因此，合理地、最大限度地利用空间以扩大使用面积，是空间组合的重要问题。

1. 夹层空间的利用

公共建筑中的营业厅、体育馆、影剧院、候机楼等，由于功能要求，其主体空间与辅助空间的面积和层高不一致，因此常采取在大空间周围布置夹层的方式，以达到利用空间及丰富室内空间效果的目的，如图 4-15 所示。

图 4-15 夹层空间的利用

2. 房间上部空间的利用

房间上部空间主要是指除了人们日常活动和家具布置以外的空间。如住宅中常利用房间上部空间设置搁板、吊柜作为贮藏之用，如图 4-16 所示。

3. 结构空间的利用

建筑物墙体厚度的增加，所占用的室内空间也相应增加，因此充分利用墙体空间可以起到节约空间的作用。通常多利用墙体空间设置壁柜、窗台柜，利用角柱布置书架及工作台，如图 4-17 所示。

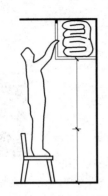

图 4-16　上部空间的利用

图 4-17　结构空间的利用

4. 楼梯间及走道空间的利用

一般民用建筑楼梯间底层休息平台下至少有半层高，可作为布置贮藏室及辅助用房和出入口之用。同时，楼梯间顶层有一层半的空间高度，可以利用部分空间布置一个小贮藏间，如图 4-18 所示。

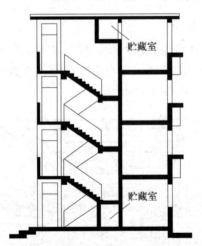

图 4-18　楼梯间及走道空间的利用

民用建筑走道主要用于人流通行，其面积和宽度都较小，高度也相应要求低一些，可以充分利用走道上部多余的空间布置设备管道及照明线路，如图 4-19 所示。

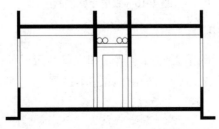

图 4-19　走廊上部设备的空间

建筑剖面设计 第4章

 本章小结

本章主要介绍了建筑剖面设计，建筑剖面设计包含房间的剖面形状设计、房间各部分高度的确定、房屋的层数以及建筑空间的组合和利用四部分。房间的剖面形状设计包含了剖面设计的内容、使用要求、材料结构形式、室内采光通风对剖面设计的影响等知识点；房间各部分高度的确定包含了层高和净高的概念以及底层地坪标高等内容；房屋的层数包含了使用性能要求、建筑结构和材料的要求、建筑环境与城市规划的要求以及建筑防火要求等内容；最后讲解了建筑空间的组合与利用的知识点。

 实训练习

一、填空题

1. 剖面设计的任务是确定_____、_____、_____以及_____等。

2. 有视线要求的房间地面升起坡度与_____、_____、_____、_____等因素有关。

二、选择题

1. 影剧院观众厅的顶棚应尽量避免采用( )，以免产生声音的聚焦。
   A. 平面　　　　B. 斜面　　　　C. 凹曲面　　　　D. 凸面

2. 视线升高值与人眼睛到头顶的高度有关，一般取( )。
   A. 180mm　　　B. 160mm　　　C. 120mm　　　D. 100mm

3. 一般情况下，室内最小净高应使人举手不接触到顶棚为宜，为此，房间净高应不低于( )。
   A. 2.0m　　　　B. 2.2m　　　　C. 2.4m　　　　D. 2.6m

4. 民用建筑中最常见的剖面形式是( )。
   A. 矩形　　　　B. 圆形　　　　C. 三角形　　　　D. 梯形

5. 设计视点的高低与地面起坡大小的关系是( )。
   A. 正比关系　　B. 反比关系　　C. 不会改变　　D. 毫无关系

三、简答题

1. 如何确定房间的剖面形状？
2. 什么是层高、净高？确定层高与净高应考虑哪些因素？
3. 室内外地面高差由什么因素决定？

第4章课后答案.docx

81

实训工作单

班级		姓名		日期	
教学项目		建筑剖面设计			
任务	掌握建筑剖面设计的具体内容		方式	可以完成建筑的剖面设计	
相关知识			建筑设计		
其他要求					

简单的剖面设计流程记录

评语				指导老师	

第 5 章 建筑体型和立面设计

![教学目标图标] **【教学目标】**

● 了解建筑体型和立面设计要求。
● 熟悉建筑形体的组合。
● 掌握建筑立面设计。

![教学要求图标] **【教学要求】**

第 5 章 建筑体型和立面设计.pptx

本章要点	掌握层次	相关知识点
建筑形体和立面设计要求	1. 反映建筑功能要求 2. 反映结构、材料与施工技术特点 3. 掌握相应的设计标准和经济指标 4. 适应基地环境和建筑规划的群体布置	建筑形体和立面设计
建筑形体组合	1. 建筑形体的分类 2. 主次分明、交接明确 3. 体型简洁、环境协调	建筑形体组合
建筑立面设计	1. 尺度和比例设计 2. 立面虚实与凹凸设计 3. 材料质感和色彩的配置 4. 立面线条处理	建筑立面设计

【案例导入】

　　某办公楼设计案例：某办公楼体型设计上采用对称手法，利用大厅中轴对称，将办公室、会议室等房间两侧布置，新建建筑与原建筑结合采用连接体结合，并将连接体做成了弧线变形，使两个建筑主次分明，交接明确。体型处理上简洁明快，利用半圆形的突出部位与原有建筑相呼应、协调，新旧建筑浑然一体。

　　立面设计上充分考虑尺寸的比例，一层做了高度达到 1.5m 的室外台阶，使人感到庄严、气派。手法上采用虚实对比，大面积的玻璃幕墙与实体墙相对比，充分体现了建筑的结构特性和建筑的办公性质，庄严而不花哨。结合部位采用横向的长条窗，打破了建筑的呆板，丰富了建筑的外观。整个建筑的外饰面采用石材，底部为粗犷的蘑菇石，上部为较细腻的

花岗岩板，厚重、严肃；中间的玻璃幕墙轻巧活泼，材质的对比使整个建筑立面更加丰富，既庄严又使人容易接近，如图 5-1 所示。

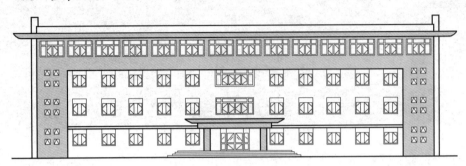

图 5-1　建筑立面图

【问题导入】

结合课本的学习，谈谈你对建筑立面设计的理解。

5.1　建筑形体和立面设计要求

建筑物在满足使用要求的同时，它的体型、立面，以及内外空间组合等，还会给人们在精神上以某种感受。显然，建筑物除了要满足物质方面的要求以外，还要考虑精神方面，即人们对建筑物的审美要求。建筑物的美观问题，还在一定程度上反映了社会的文化生活、精神面貌和经济基础。

建筑体型和立面　　音频.影响体型及立面
设计.mp4　　　　设计的因素.mp3

建筑物的美观问题，既在房屋外部形象和内部空间处理中表现出来，又涉及建筑群体的布局，它还和建筑细部设计有关。其中房屋的外部形象和内部空间处理，是单体建筑设计时，考虑美观问题的主要内容。

建筑物的体型和立面，即房屋的外部形象，必须受内部使用功能和技术经济条件所制约，并受基地环境群体规划等外界因素的影响。建筑物体型的大小和高低、体型组合的简单或复杂，通常总是先以房屋内部使用空间的组合要求为依据，立面上门窗的开启和排列方式，墙面上结构的划分和安排，主要也是以使用要求、所用材料和结构布置为前提的。

建筑物的外部形象，并不等于房屋内部空间组合的直接表现，建筑体型和立面设计，必须符合建筑造型和立面构图方面的规律性，如均衡、韵律、对比、统一等，把适用、经济、美观三者有机地结合起来。

5.1.1　反映建筑功能要求和建筑类型的特征

不同功能要求的建筑类型，具有不同的内部空间组合特点，房屋的外部形象也相应地表现出这些建筑类型的特征。如住宅建筑，由于内部房间较小、人流出入较少的特点，和一般公共建筑相比，通常体型上进深较浅，立面上常以较小的窗户和入口、分组设置的楼梯和阳台，反映住宅建筑的特征；学校建筑中的教学楼，由于室内采光要求高，人流出入量大，立面上往往形成高大明快、成组排列的窗户和宽敞的入口；大片玻璃的陈列橱窗和接近人流的明显入口，通常又是一些商业建筑立面的特征；剧院建筑由于观演部分音响和灯光设施等要求，以及观众场间休息所需的空间，在建筑体型上，常以高耸封闭的舞台箱和宽广开敞的休息厅形成对比，具体情况如图 5-2 所示。

建筑功能与类型
的关系.docx

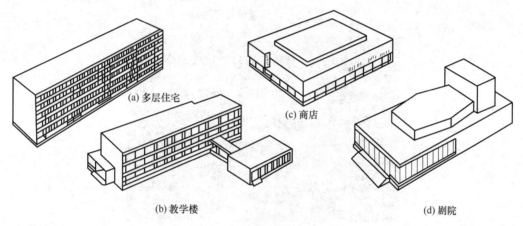

图 5-2　不同类型的外形特征

5.1.2　反映结构、材料与施工技术的特点

建筑具有物质产品和艺术创造的双重性，建筑体型和立面必然受到物质技术条件的制约，并应反映和表现结构、材料和施工技术的特点。混合结构、框架结构、空间结构由于其受力特点不同，反映在体型和立面上也截然不同。

混合结构的中小型民用建筑，由于受到墙体承重及梁板经济跨度的局限，室内空间小，层数不多，窗间墙应有足够的宽度，建筑立面开窗受到限制。这类建筑的立面处理可通过墙面的色彩、材料质感、水平与垂直线条及门窗的合理组织等来表现混合结构建筑简洁、朴素、稳重的外观特征，如图 5-3 所示；钢筋混凝土框架结构墙体仅起围护作用，空间处理灵活性强，立面既可开设大面积的独立窗，又可开设带形窗，甚至可以取消窗间墙形成局部通透和简洁明快、轻巧活泼的外形，如图 5-4 所示；空间结构不仅为大型活动提供了理想的使用空间，同时，各种形式的空间结构也极大地丰富了建筑外部形象，形成自己独特的风格。

施工技术的工艺特点，同样也对建筑体型和立面以一定的影响，如滑动模板的施工工艺，由于模板的垂直滑动，要求房屋的体型和立面，以采用筒体或竖向线条为主比较合理。升板施工工艺，由于楼板提升时适当出挑对板的受力有利，建筑物的外形处理，以层层出挑横向线条为主比较恰当。大板、盒子建筑等常以构件本身的形体、材料、质感和色彩对比等，使建筑体型和立面更简洁，富有工业化气息，如图 5-5 所示。

图 5-3　民用建筑立面图

图 5-4　钢筋混凝土框架结构

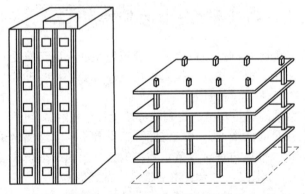

图 5-5　施工工艺特点对建筑外形的影响

5.1.3　掌握相应的设计标准和经济指标

　　房屋建筑在国家基本建设的投资中占有很大比例，为了积累资金，加速实现我国社会主义现代化建设，房屋的设计和建造始终需要坚持"勤俭建国"的方针。

　　建造活动需要大量的投资，设计师首先从观念上要树立起经济意识，结合实际进行投资控制，同时严格执行国家相关技术标准和规范。在所用材料、造型要素等方面区别对待大型公共建筑和大量性民用建筑。既要防止滥用高级材料造成不必要的浪费，同时也要防止片面节约，盲目追求低标准造成使用功能不合理、破坏建筑形象和增加建筑物日常维修、管理费用。在投资范围内，巧妙地运用物质技术手段和构图法则，努力创新，设计出适用、安全、经济、美观的建筑。

5.1.4 适应基地环境和建筑规划的群体布置

单体建筑是规划群体中的一个局部，拟建房屋的体型、立面、内外空间组合以及建筑风格等方面，要认真考虑和规划中建筑群体的配合。同时，建筑物所在地区的气候、地形、道路、原有建筑物以及绿化等基地环境，也是影响建筑体型和立面设计的重要因素。

总体规划的要求以及基地的大小和形状，使房屋的体型受到一定制约。山区或丘陵地区，为了结合地形和争取较好的朝向，往往采用错层布置，从而产生多变的体型。炎热地带由于考虑阳光辐射和房屋的通风要求，立面上通常设置富有节奏感的遮阳和通透的花格，形成南方地区立面处理的特点，如图5-6所示。又如，建筑物所在基地和周围道路相对方位的不同，对建筑物的体型和立面处理也带来一定影响。

图5-6 房屋立面上的遮阳处理

5.2 建筑形体的组合

建筑物内部空间的组合方式，是确定外部体型的主要依据。走廊式组合的大型医院，通常具有一个多组组合、比较复杂的外部体型，如图5-7所示；套间式组合的展览馆，由于内部空间不同的串套方式，外部体型也反映出它的组合特点；大厅式组合的体育馆，又有一个突出的、体量较大的外部体型。因此，在平、剖面的设计过程中，即房屋内部空间的组合中，就需要综合包括美观在内的多方面因素，考虑到建筑物可能具有外部形象的造型效果，使房屋的体型在满足使用要求的同时，尽可能完整、均衡。

音频.建筑物体型
组合的方式.mp3

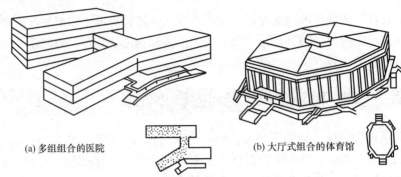

(a) 多组组合的医院　　　　　　　　　(b) 大厅式组合的体育馆

图 5-7　建筑物内部空间组合在体型上的反映

5.2.1　建筑形体的分类

建筑体型反映建筑物总的体量大小、组合方式和比例尺度等，它对房屋外形的总体效果具有重要影响。根据建筑物规模大小、功能要求特点以及基地条件的不同，建筑物的体型有的比较简单，有的比较复杂。这些体型从组合方式来区分，大体上可以归纳为对称和不对称的两类。

对称的体型有明确的中轴线，建筑物各部分组合体的主从关系分明，形体比较完整，容易取得端正、庄严的感觉。我国古典建筑较多地采用对称的体型，一些纪念性建筑、大型会堂和政府办公楼等，为了使建筑物显得庄严、完整，也常采用对称的体型，如图 5-8 所示。

体型对称的建筑.docx

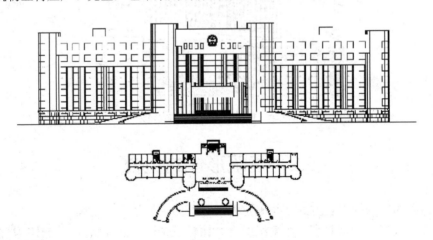

图 5-8　对称平衡的办公楼平面和立面图

不对称的体型，它的特点是布局比较灵活自由，对功能关系复杂，或不规则的基地形状较能适应。不对称的体型，容易使建筑物取得舒展、活泼的造型效果，不少医院、疗养院、园林建筑等，常采用不对称的体型，如图 5-9 所示。

图 5-9　不对称的建筑平面和立面图

5.2.2　主次分明、交接明确

　　建筑体型的组合，还需要处理好各组成部分的连接关系，尽可能做到主次分明、交接明确。建筑物在几个形体组合时，应突出主要形体，通常可以由各部分体量之间的大小、高低、宽窄，形状的对比，平面位置的前后，以及突出入口等手法来强调主体部分。

　　各组合体之间的连接方式主要有：几个简单形体的直接连接或咬接，以廊或连接体的连接。形体之间的连接方式和房屋的结构构造布置、地区的气候条件、地震烈度以及基地环境的关系相当密切。如寒冷地区或受基地面积限制，考虑到室内采暖和建筑占地面积等因素，希望形体间的连接紧凑一些。地震区要求房屋尽可能采用简单、整体封闭的几何形体，如使用上必须连接时，应采取相应的抗震措施，避免采取咬接等连接方式，如图 5-10 所示。

连接方式.docx

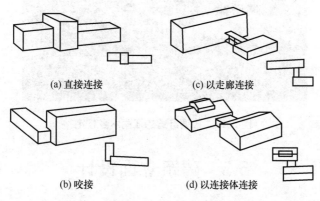

图 5-10　房屋各个组合体之间的连接方式

5.2.3　体型简洁、环境协调

　　简洁的建筑体型易于取得完整统一的造型效果，同时在结构布置和构造施工方面也比较经济合理。随着工业化构件生产和施工的日益发展，建筑体型也趋向于采用完整简洁的

几何形体,或由这些形体的单元所组合,使建筑物的造型简洁而富有表现力,如图 5-11 所示。

图 5-11　简洁富有表现力的建筑

建筑物的体型还需要注意与周围建筑、道路相呼应配合,考虑和地形、绿化等基地环境的协调一致,使建筑物在基地环境中显得完整统一、配置得当,如图 5-12 所示。

图 5-12　协调舒适的江南水乡住宅

5.3　建筑立面设计

建筑立面可以看成是由许多构部件所组成:它们有墙体、梁柱、墙墩等构成房屋的结构构件,有门窗、阳台、外廊等和内部使用空间直接连通的部件,以及台基、勒脚、檐口等主要起到保护外墙作用的组成部分。恰当地确定立面中这些组成部分和构部件的比例和尺度,运用节奏韵律、虚实对比等规律,设计出体型完整、形式与内容统一的建筑立面,是立面设计的主要任务。

音频.建筑立面的处理手段.mp3

5.3.1 尺度和比例设计

　　尺度主要指建筑与人体之间的大小关系和建筑各部分之间的大小关系，而形成的一种大小感。建筑中有一些构件是人经常接触或使用的，人们熟悉它们的尺寸大小，如门扇一般高度为2~2.5m，窗台或栏杆一般高度为90cm等。这些构件就像悬挂在建筑物上的尺子一样，人们会习惯地通过它们来衡量建筑物的大小。在建筑设计中，除特殊情况外，一般都应该使它的实际大小与它给人印象的大小相符合，如果忽略了这一点，任意地放大或缩小某些构件的尺寸，就会使人产生错觉，如实际大的看着"小"了，或实际小的看着"大"了，如图5-13所示。

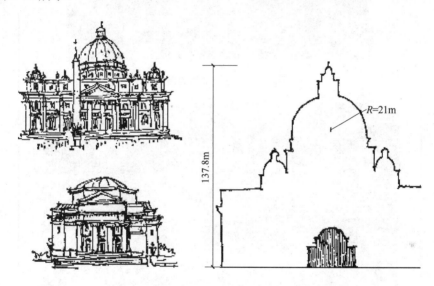

图5-13　建筑物的尺寸和比例

　　尺度正确和比例协调，是使立面完整统一的重要方面。建筑立面中的一些部分，如踏步的高低、栏杆和窗台的高度、大门拉手的位置等，由于这些部位的尺度相对比较固定，如果它们的尺寸不符合要求，非但在使用上不方便，在视觉上也会感到不习惯。至于比例协调，既存在于立面各组成部分之间，也存在于构件之间，以及对构件本身的高宽等比例要求。一幢建筑物的体量、高度和出檐大小有一定比例，梁柱的高跨也有相应的比例，这些比例上的要求首先需要符合结构和构造的合理性，同时也要符合立面构图的美观要求。

5.3.2 立面的虚实与凹凸设计

　　建筑立面的构成要素中：门窗、幕墙、空廊、凹廊、凹进部分以及实体中的透空部分，常给人以通透、开敞、轻盈的感觉，可称为"虚"；墙柱、栏板、屋顶等给人以厚重封闭的感觉，可称为"实"。由于建筑立面中"虚"部分与"实"部分性格特点迥然不同，因此可利用二者之间的强烈反差，达到特有的立面艺术效果。建筑立面虚实处理应注意主从、整体、节奏等构图规律问题。首先是主从问题，即立面中虚和实，谁为主、谁为次的问题，

针对不同功能、性质的建筑采取不同的处理手法。通常别墅、纪念性建筑、博物馆、展览性建筑应以实为主，虚为次，以产生稳定、庄严、雄伟等效果，如图 5-14 所示。高层建筑、商业建筑、餐厅建筑应虚多实少以产生通透、轻巧、开朗等效果，如图 5-15 所示。

图 5-14　庄严雄伟的建筑

图 5-15　通透灵巧的建筑

5.3.3　立面的线条处理

　　墙面中构件的竖向或横向划分，也能够明显地表现立面的节奏感和方向感，如柱和墙墩的竖向划分、通长的栏板、遮阳和飘板等的横向划分等。任何线条本身都具有一种特殊的表现力和多种造型的功能。从方向变化来看，垂直线具有挺拔、高耸、向上的气氛；水平线使人感到舒展与连续、宁静与亲切；斜线具有动态的感觉；网格线有丰富的图案效果，给人以生动、活泼而有秩序的感觉。从粗细、曲折变化来看，粗线条表现厚重、有力；细线条具有精致、柔和的效果；直线表现刚强、坚定；曲线则显得优雅、轻盈。

　　建筑立面上客观存在着各种线条，如立柱、墙垛、窗台、遮阳板、檐口、通长的栏板、窗间墙、分格线等，如图 5-16 所示。

图 5-16　建筑立面各种线条

5.3.4　材料质感和色彩的配置

　　一幢建筑物的体型和立面，最终是以它们的形状、材料质感和色彩等多方面的综合，给人们留下一个完整深刻的外观印象。在立面轮廓的比例关系、门窗排列、构件组合以及墙面划分基本确定的基础上，材料质感和色彩的选择、配置，是使建筑立面进一步取得丰富和生动效果的又一重要方面。根据不同建筑物的标准，以及建筑物所在地区的环境和气候条件，在材料和色彩的选择上也应有所区别。

　　色彩和质感是材料所固有的特性。对于一般建筑来说，主要是通过材料色彩的变化使其相互衬托与对比来增强建筑的表现力。不同的色彩具有不同的表现力，给人以不同的感受。一般来说，以浅色或白色为基调的建筑给人以明快清新的感觉，深色显得稳重，橙黄等暖色调使人感到热烈、兴奋，青、蓝、紫、绿等冷色使人感到宁静。运用不同色彩的处理，可以表现出不同建筑的性格、地方特点及民族风格。

1. 色彩

　　色彩是建筑材料固有特性之一。对一般建筑来说，主要通过材料色彩的变化使其相互衬托与对比来增强建筑表现力。色彩在所有外部立面设计要素中是最易创造气氛和传达情感的要素。浅色是清新明快的；深色是稳健厚重的。不同的色彩具有不同的表现力，给人以不同的视觉感受。运用不同的色彩还可以表现出不同的建筑性格、地方特点及民族风格。建筑外形色彩设计包括大面积墙面基调色的选用和墙面上不同色彩的构图等两方面。

2. 质感

　　质感是建筑材料的另一个固有特征。材料的质感处理包括两个方面，一方面是利用材料本身的特性，如清水墙的粗糙表面、花岗石的坚硬、大理石的纹理、玻璃的光泽等；另一方面是创造某种特殊质感，如仿石、仿砖、仿木纹等。立面设计中利用材料自身特性或仿造某种材料，都是在利用材料的不同质感会给人不同感受这一特点。

5.3.5　立面重点与细部处理

根据功能和造型的需要，在建筑物某些局部位置进行重点和细部处理，可以突出主体，打破单调感。突出建筑物立面中的重点，既是建筑造型的设计手法，也是房屋使用功能的需要。

1. 重点处理

建筑立面中有些部位需要重点和细部处理，这种处理具有画龙点睛的作用，会加强建筑表现力，打破单调感。立面需要重点处理的部位主要是建筑主要出入口、楼梯、形体转角、临街立面。因为这些部位常常是人们的视觉重心，要求明显突出、易于识别。重点处理常采用对比手法，使其与主体区分，如采用高低、大小、横竖、虚实、凹凸、色彩、质感等对比。

2. 细部处理

立面设计中对于体量较小，人们接近时可能看得清的构件与部位的细部装饰等的处理称为细部处理，如飘窗、阳台、檐口、栏杆、雨篷等。这些部位虽不是重点处理部位，但由于其所处的特定位置，也需要进行设计，否则将使建筑产生粗糙不精细之感，而破坏建筑整体形象。立面中细部处理主要运用材料色泽、纹理、质感等自身特性来体现出艺术效果，如图 5-17 所示。

图 5-17　立面材料质感处理

 本章小结

本章主要介绍了建筑体型和立面设计，包含了建筑形体和立面设计的要求、建筑形体组合以及建筑立面设计三大块内容。其中建筑形体和立面设计要求包含反映建筑功能和材料特征的要求，反映建筑结构、材料与施工技术的特点，相应的设计标准和经济指标以及适应基地环境和建筑规划的群体布置的要求等；建筑形体组合包含建筑形体的分类，主次分明、交接明确的要求以及体型简洁、环境协调的要求；建筑立面设计包含尺寸和比例设计、虚实与凹凸设计、立面线条处理、材料质感和色彩的配置重点及细部处理等。

实训练习

一、填空题

1. 建筑的_____和_____是建筑外型设计的两个主要组成部分。
2. 根据均衡中心的位置不同，均衡可分为_____与_____。
3. 尺度处理的手法通常有三种，即_____、_____、_____。

二、单选题

1. 建筑立面的重点处理常采用(　)手法。
   A. 韵律　　　　B. 对比　　　　C. 统一　　　　D. 均衡
2. 亲切的尺度是指建筑物给人感觉上的大小(　)其真实大小。
   A. 等于　　　　B. 小于　　　　C. 小于或等于　D. 大于
3. 建筑物色彩必须与建筑物的(　)相互一致。
   A. 底色　　　　B. 性质　　　　C. 前景色　　　D. 虚实关系
4. 住宅建筑常常利用阳台与凹廊形成(　)的变化。
   A. 粗糙与细致　B. 虚实与凹凸　C. 厚重与轻盈　D. 简单与复杂
5. 立面的重点处理部位主要是指建筑的(　)。
   A. 主立面　　　B. 檐口部位　　C. 主要出入口　D. 复杂部位
6. 建筑中的(　)可作为尺度标准，建筑整体和局部，与它相比较，可获得一定的尺度感。
   A. 窗户、栏杆　B. 踏步、栏杆　C. 踏步、雨篷　D. 窗户、檐口
7. 亲切尺度是将建筑的尺寸设计得(　)实际需要，使人感觉亲切、舒适。
   A. 等于　　　　B. 小于　　　　C. 大于　　　　D. 等于或小于

三、简答题

1. 影响体型及立面设计的因素有哪些？
2. 建构筑图中的统一与变化、均衡与稳定、韵律、对比、比例、尺度等的含义是什么？
3. 建筑物体型组合有哪几种方式？

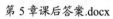
第5章课后答案.docx

房屋建筑学

实训工作单

班级		姓名		日期	
教学项目		建筑体型和立面设计			
任务	掌握建筑体型和立面设计		方式	完成建筑的立面设计	
相关知识			建筑设计		
其他要求					

简单的立面设计流程记录

评语			指导老师	

第6章　基础与地下室

📋 【教学目标】

- 了解地基与基础的基本概念。
- 掌握基础的类型与构造。
- 熟悉地下室的基本构造。

🏃 【教学要求】

第6章　基础与地下室.pptx

本章要点	掌握层次	相关知识点
地基与基础	1. 了解基础的作用 2. 熟悉地基土的分类	地基与基础
基础的分类与构造	1. 刚性基础 2. 柔性基础 3. 基础的构造	基础的分类与构造
地下室的构造	1. 地下室的分类 2. 人防地下室 3. 地下室防水、防潮	地下室构造

⚙️ 【案例导入】

　　某大楼东西长28m，南北向宽8m，高24m，为六层框架结构，建筑面积1700m^2；大楼采用天然地基，钢筋混凝土筏板基础，基础埋深1.5m。标准跨基地压力为63kPa，大楼自竣工使用后不久，发现楼房向北倾斜，半年后，经测定，楼顶部向北倾斜达259~289mm。其中与自来水公司五层楼房相邻处，倾斜量最大。两楼之间的沉降缝，在房顶部已闭合。若继续发生倾斜，墙体将发生开裂破坏。经检测发现该建筑场地有暗塘，人工填土层厚达4.75m，基础埋在杂填土上。尤其是在人工填土层下，存在泥炭质土、有机质土和淤泥质土以及流塑状态软弱黏性土，深达12.5m，均为高压缩性土质。

基础与地下室.mp4

🛒 【问题导入】

　　请结合下文的学习分析大楼发生倾斜以及出现裂缝的原因。

6.1 地基与基础的基本知识

6.1.1 地基与基础的基本概念

在建筑工程中，建筑物与土层直接接触的部分称为基础，支撑建筑物重量的土层叫地基。基础是建筑物的组成部分，它承受着建筑物的全部荷载，并将其传给地基。而地基则不是建筑物的组成部分，它只是承受建筑物荷载的土壤层。其中，具有一定的地耐力，直接支承基础，持有一定承载能力的土层称为持力层；持力层以下的土层称为下卧层。地基土层在荷载作用下产生的变形，随着土层深度的增加而减少，到了一定深度则可忽略不计，如图 6-1 所示。

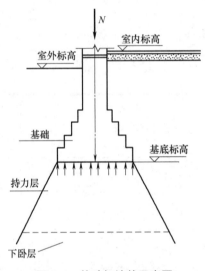

图 6-1 基础与地基示意图

6.1.2 地基的分类

1. 天然地基

天然地基是自然状态下即可满足承担基础全部荷载要求，不需要人工加固的天然土层，其节约工程造价，不需要人工处理的地基。天然地基一般分为四大类：岩石、碎石土、砂土、黏性土。

天然地基.mp4

2. 人工地基

当土层的地质状况较好，承载力较强时可以采用天然地基；而在地质状况不佳的条件下，如坡地、沙地或淤泥地质，或虽然土层质地较好，但上部荷载过大时，为使地基具有足够的承载能力，则要采用人工加固地基，即人工地基。

人工地基.mp4

3. 人工地基加固常用的方法

1) 密实法

用密实法处理地基又可分为碾压夯实法、重锤夯实法、机械碾压法、振动压实法、强夯法、堆载预压法等。

(1) 碾压夯实法。

碾压夯实法是对含水量在一定范围内的土层进行碾压或夯实。此法影响深度约为 200 毫米，仅适于平整基槽或填土分层夯实。

(2) 重锤夯实法。

重锤夯实法是利用起重机械提起重锤，反复夯打，其有效加固深度可达 1.2 米，如图 6-2 所示。此法适用于处理黏性土、砂土、杂填土、湿陷性黄土地基和对大面积填土的压实以及杂填土地基的处理。

重锤夯实.mp4

重锤夯实法.docx

图 6-2 重锤夯实法施工

(3) 机械碾压法。

机械碾压法是用平碾、羊足碾、压路机、推土机及其他压实机械压实松散土层，如图 6-3 所示。碾压效果取决于被压土层的含水量和压实机械的能量。对于杂填土地基常用 8～12 吨的平碾或 13～16 吨的羊足碾，逐层填土，逐层碾压。

图 6-3 羊足碾和压路机施工

(4) 振动压实法。

振动压实法是在地基表面施加振动力，以振实浅层松散土。振动压实效果取决于振动力、被振的成分和振动时间等因素。用此法处理以砂土、炉渣、碎石等无黏性土为主的填土地基，效果良好。

(5) 强夯法。

强夯法是利用重量为 8～40 吨的重锤从 6～40 米的高处自由落下，对地基进行强力夯实的处理方法，如图 6-4 所示。经过强夯的地基承载能力可提高 3～4 倍，甚至 6 倍，压缩性可降低 200%～1000%，影响深度在 10 米以上。此法适用于处理砂土、粉砂、黄土、杂填土和含粉砂的黏性土等。强夯法施工时噪声与振动较大。

图 6-4　强夯法施工

(6) 堆载预压法。

堆载预压法是在堆积荷载的作用下，使饱和软土层排水固结，提高抗剪能力，增加地基的稳定性，如图 6-5 所示。

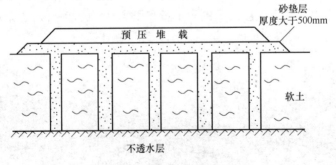

图 6-5　堆载预压法施工

2) 换土法

当地基持力层软弱，密集法不能满足建筑物荷载要求时，可采用换土垫层的办法处理

土层。此法是先将基础底下一定深度的软弱土层挖出，回填砂、碎石、素土或灰土等，逐层夯实，便成为承载能力较高的垫层。

3）加固法

用加固法处理地基可分为化学加固法、高压旋喷法和硅化加固法三类。

(1) 化学加固法。

化学加固法是通过压力灌注或搅拌混合等措施，使化学溶液或胶结剂进入土层，使土粒胶结。所用浆液主要有：高标号硅酸盐水泥和速凝剂配制成的水泥浆液；以水玻璃为主加氯化钙配制成的水玻璃浆液；以丙烯酸氨为主的浆液；以重铬酸盐木质素浆等纸浆液为主的浆液。应用较多的是水泥浆液。纸浆液虽加固效果较好，但有毒，会污染地下水。

(2) 高压旋喷法。

高压旋喷法是利用喷射化学浆液与土粒混合搅拌处理地基，多使用水泥浆液。为防止浆液流失，常加入三乙醇胺和氯化钙等速凝剂。此法还可用于建筑物地基的补强。

(3) 硅化加固法。

此法是在渗透性较强的土层，利用一定的压力，把浆液通过下端带孔的管子注入土中，使土粒胶结起来。其加固效果同所用的化学溶液浓度、土壤渗透性和注液压力有关。对于渗透系数每分钟小于 10～6 米的黏性土，压力注入的硅酸钠溶液要依靠电渗作用，才能进入土层空隙，这种方法称为电硅化法。此法加固作用快，工期短，还可用来制止流砂、堵塞泉眼，也可用于加固已建工程。

6.2 基础的类型与构造

6.2.1 基础的类型

1. 按材料及受力特点分类

1）刚性基础

由刚性材料制作的基础称为刚性基础，一般指抗压强度高，而抗拉、抗剪强度较低的材料就称为刚性材料，如图 6-6 所示。刚性材料常用的有砖、灰土、混凝土、三合土、毛石等。

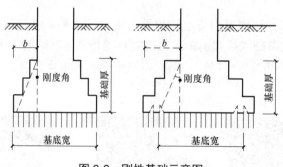

音频.刚性基础和
柔性基础的特点.mp3

图 6-6 刚性基础示意图

2）非刚性基础

在混凝土基础的底部配以钢筋，利用钢筋来承受拉应力，使基础底部能够承受较大的

弯矩，这时，基础宽度不受刚性角的限制，故称钢筋混凝土基础为非刚性基础或柔性基础，如图 6-7 所示。

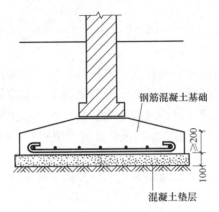

图 6-7　非刚性基础示意图

2. 按构造型式分类

1)　条形基础

当建筑物上部结构采用墙承重时，基础沿墙身设置，多做成长条形，这类基础称为条形基础或带形基础，是墙承式建筑基础的基本形式，如图 6-8 所示。

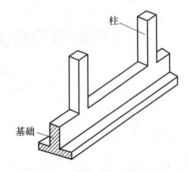

图 6-8　条形基础示意图

2)　独立式基础

当建筑物上部结构采用框架结构或单层排架结构承重时，基础常采用方形或矩形的独立式基础，这类基础称为独立式基础或柱式基础，独立式基础是柱下基础的基本形式。

当柱采用预制构件时，则基础做成杯口形，然后将柱子插入并嵌固在杯口内，故称杯形基础，如图 6-9 所示。

条形基础.docx

独立基础.docx

独立基础.mp4

条形基础.mp4

  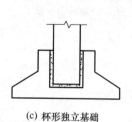

(a) 阶梯形独立基础   (b) 锥形独立基础   (c) 杯形独立基础

图 6-9   独立基础示意图

3)   井格式基础

当地基条件较差，为了提高建筑物的整体性，防止柱子之间产生不均匀沉降，常将柱下基础沿纵横两个方向扩展连接起来，做成十字交叉的井格基础，如图 6-10 所示。

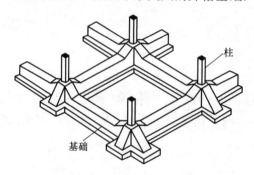

图 6-10   井格式基础示意图

4)   筏板基础

当建筑物上部荷载大，而地基又较弱，这时采用简单的条形基础或井格基础已不能适应地基变形的需要，通常将墙或柱下基础连成一片，使建筑物的荷载承受在一块整板上成为筏板基础。筏板基础有平板式和梁板式两种，如图 6-11 所示。

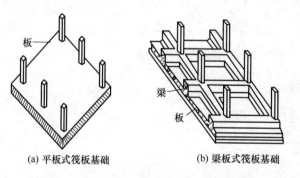 

(a) 平板式筏板基础   (b) 梁板式筏板基础

筏形基础.mp4

图 6-11   平板式和梁板式筏板基础示意图

5)   箱形基础

当板式基础做得很深时，常将基础改做成箱形基础。箱形基础是由钢筋混凝土底板、顶板和若干纵、横隔墙组成的整体结构，基础的中空部分可用作地下室(单层或多层的)或地下停车库。箱形基础整体空

箱形基础.mp4

间刚度大，整体性强，能抵抗地基的不均匀沉降，较适用于高层建筑或在软弱地基上建造的重型建筑物，如图 6-12 所示。

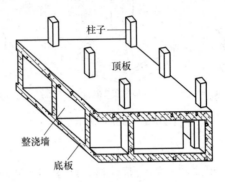

图 6-12　箱型基础示意图

6.2.2　基础的埋置深度

1. 基础埋置深度概念

由室外设计地面到基础底面的距离，叫作基础的埋置深度。如图 6-13 所示为基础的埋置深度。基础的埋深大于 5 米时，被称为深基础；基础的埋深不超过 5 米时，被称为浅基础。

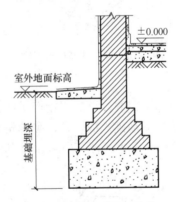

图 6-13　基础埋置深度示意图

2. 影响基础埋置深度的因素

(1) 工程地质和水文地质条件。

(2) 建筑物的用途和基础构造。

(3) 作用在地基上的荷载大小和性质。

(4) 地基土的冻结深度和地基土的湿陷。

地基土冻胀时，会使基础隆起，冰冻消失又会使基础下陷，久而久之，基础就会被破坏。基础最好深埋在冰冻线以下 200 毫米处。湿陷性黄土性地基遇水会使基础下沉，因此基础应埋置深一些，避免被地表水浸湿，如图 6-14 所示。

(5) 相邻建筑的基础埋深。

基础埋深最好小于原有建筑的基础埋深。当基础深于原有建筑基础时，则新旧基础间的净距一般为相邻基础底面高差的 1～2 倍，如图 6-15 所示。

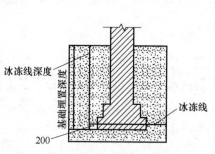

图 6-14 基础埋置深度与冻土层的关系

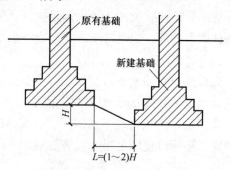

图 6-15 相邻基础埋深示意图

6.3 地下室的构造

6.3.1 地下室的概念和组成

1. 地下室的概念

地下室是指房间地面低于室外地平面的高度超过该房间净高的二分之一。多层和高层建筑物需要较深的基础，为利用这一高度，在建筑物底层下建造地下室，既可增加使用面积，又可省去房心回填土，还算比较经济。在房屋底层以下建造地下室，可以提高建筑用地效率。一些高层建筑基地埋深很大，充分利用这一深度来建造地下室，其经济效果和使用效果俱佳。

2. 地下室的构造组成

地下室一般由墙体、底板、顶板、门窗、采光井和楼梯等基本部分组成，地下室的构造如图 6-16 所示。

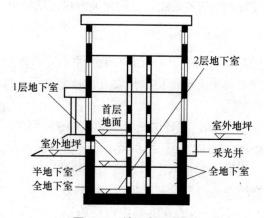

图 6-16 地下室示意图

1) 墙体

地下室的外墙不仅承受垂直荷载，还承受土、地下水和土壤冻胀的侧压力。因此地下

室的外墙应按挡土墙设计，如用钢筋混凝土或素混凝土墙，应按计算确定厚度，其最小厚度除应满足结构要求外，还应满足抗渗厚度的要求。其最小厚度不低于 300mm，外墙应做防潮或防水处理，如用砖墙，其厚度不小于 490mm。

2) 底板

底板处于最高地下水位以上，并且无压力作用时，可按一般地面工程处理，即垫层上现浇混凝土 60~80mm 厚，再做面层；如底板处于最高地下水位以下时，底板不仅承受上部垂直荷载，还承受地下水的浮力荷载，因此应采用钢筋混凝土底板，并双层配筋，底板下垫层上还应设置防水层，以防渗漏。

3) 顶板

可用预制板、现浇板或者预制板上做现浇层(装配整体式楼板)。如为防空地下室，必须采用现浇板，并按有关规定决定厚度和混凝土强度等级，在无采暖的地下室顶板上，即首层地板处应设置保温层，以利首层房间的使用舒适度。

4) 门窗

普通地下室的门窗与地上房间门窗相同，地下室外窗如在室外地坪以下时，应设置采光井和防护蓖，以利于室内采光、通风和室外行走安全。防空地下室一般不允许设窗，如需开窗，应设置战时堵严措施。防空地下室的外门应按防空等级要求，设置相应的防护构造。

5) 采光井

在城市规划和用地允许的情况下，为了改善地下室的室内环境，可在窗外设置采光井。采光井由侧墙、底板、遮雨设施或铁格栅组成。侧墙为砖墙，底板为现浇混凝土，面层应该用水泥砂浆抹灰向外找坡，并设置排水管。

6) 楼梯

可与地上房间结合设置，层高小或用作辅助房间的地下室，可设置单跑楼梯，防空要求的地下室至少要设置两部楼梯通向地面的安全出口，必须有一个是独立的安全出口，并且这个安全出口周围不得有较高的建筑物，以防空袭倒塌，堵塞出口，影响疏散。

3. 采光井构造

为了满足地下室的采光和通风要求，一般的地下室也开有窗户。这样，窗外侧就须要设置采光井。通常采光井沿每个开窗部位单独设置，几个窗洞口相距较近时，也可将几个采光井合并在一起设置。

采光井的构造如图 6-17 所示，主要由侧墙和底板构成。侧墙一般用砖砌筑，井底板则用混凝土浇注。井底要做 3%左右的坡度，用陶管或水泥管将流入井底的雨水引入排水管网。排水口处应设有铁蓖子，以防污物排入下水管道引起堵塞。井口上应设有铸铁蓖子，以防人、畜跌入，有的建筑物还在井口上设有尼龙瓦遮雨棚。

采光井的深度根据地下室窗台的高度确定，一般窗台应高于采光井底板面层 200~300mm；采光井的长度应比窗宽 1m 左右；采光井的宽度视采光井的深度而定，当采光井深度为 1~2m 时，宽度为 1m 左右。采光井侧墙顶应高出室外设计地面不少于 500mm，以防地面水流入井内。

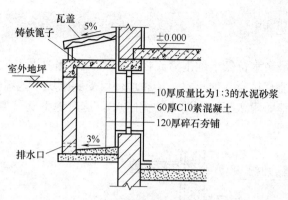

图 6-17 采光井构造示意图

6.3.2 地下室的分类

1. 按使用性质和功能分有普通地下室和人防地下室

普通地下室指普通的地下空间，按照一般地下楼层设计，用作高层建筑的地下停车库、设备用房，根据用途及结构需要可做成一层或二层、三层、多层地下室；人防地下室指有人民防空要求的地下空间，用以预防现代战争对人员造成的杀伤，主要预防冲击波、早期核辐射、化学毒气以及由上部建筑倒塌所产生的倒塌荷载。对于冲击波和倒塌荷载主要通过结构厚度来解决；对于早期核辐射、化学毒气应通过密闭措施及通风、滤毒来解决。

2. 按埋入地下深度分有全地下室和半地下室

全地下室是指地下室地坪面低于室外地坪的高度超过该房间净高的 1/2 者；半地下室是指地下室地坪面低于室外地坪高度超过该房间净高的 1/3，且不超过 1/2 者，如图 6-18 所示。

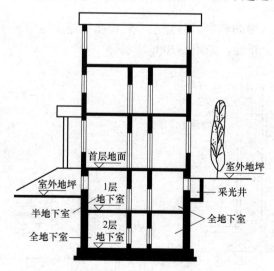

图 6-18 地下室分类示意图

6.3.3 地下室防潮

当地下水的设计最高水位低于地下室底板 0.3～0.5m，且地基及回填土范围内无形成滞水可能时，地下水不能直接侵入地下室，墙和地坪仅受到土层中地潮的影响(所谓地潮是指土层中的毛细管水和地面雨水下渗而造成的无压水)，这时地下室只需做防潮处理，构造要求如下，如图 6-19 所示。

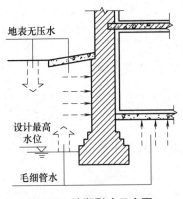

图 6-19 地潮影响示意图

音频.地下室防潮要求

和防水要求.mp3

当地下水的常年水位和最高水位均在地下室地坪标高以下时，须在地下室外墙外面设垂直防潮层。其做法是在墙体外表面先抹一层 20mm 厚的 1：2.5 水泥砂浆找平，再涂一道冷底子油和两道热沥青；然后在外侧回填低渗透性土壤，如黏土、灰土等，并逐层夯实，土层宽度为 500mm 左右，以防地面雨水或其他地表水的影响。另外，地下室的所有墙体都应设两道水平防潮层，一道设在地下室地坪附近，另一道设在室外地坪以上 150～200mm处，使整个地下室防潮层连成整体，以防地潮沿地下墙身或勒脚处入室内，如图 6-20(a)所示。

地下室地坪下面做水平防潮层。防潮层一般设在垫层与地层面层之间，并且与墙身水平防潮层在同一水平面上相连，如图 6-20(b)所示。

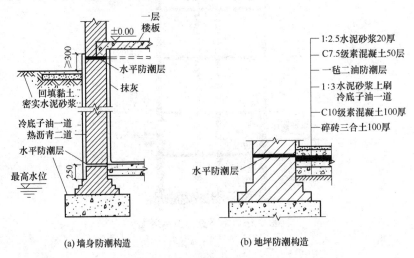

(a) 墙身防潮构造   (b) 地坪防潮构造

图 6-20 防潮层结构示意图

6.3.4 地下室防水

当设计最高水位高于地下室地坪时,地下室的外墙和底板都浸泡在水中,应考虑进行防水处理。常采用的防水措施有三种,分为沥青卷材防水、防水混凝土防水和弹性材料防水。

1. 沥青卷材防水

卷材防水能适应结构的微量变形和抵抗地下水的一般化学侵蚀,属于柔性防水,传统的防水卷材为石油沥青油毡卷材,有一定的拉伸强度和伸长率,价格低廉,但属于热作业类型,操作不太方便,而且容易老化和污染环境。卷材防水分为外防水和内防水两种。

音频.地下室防水的措施.mp3

1) 外防水

外防水是将防水层贴在地下室外墙的外表面,其构造要点为:先在墙外侧抹 20mm 厚的 1:3 水泥砂浆找平层,并刷冷底子油一道,然后选定油毡层数,分层粘贴防水卷材,防水层须高出最高地下水位 500~1000mm 为宜。油毡防水层以上的地下室侧墙应抹水泥砂浆涂两道热沥青,直至室外散水处。垂直防水层外侧砌半砖厚的保护墙一道,如图 6-21 所示。

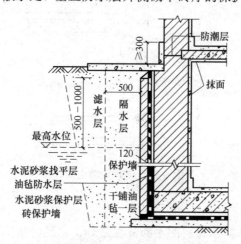

图 6-21 外防水做法

2) 内防水

内防水是将防水层贴在地下室外墙的内表面,其构造要点为:先浇混凝土垫层,厚约 100mm;再以选定的油毡层数在地坪垫层上做防水层,并在防水层上抹 20~30mm 厚的水泥砂浆保护层,以便于上面浇筑钢筋混凝土。为了保证水平防水层包向垂直墙面,地坪防水层必须留出足够的长度以便与垂直防水层搭接,同时要做好转折处油毡的保护工作,以免因转折交接处的油毡断裂而影响地下室的防水,如图 6-22 所示。

2. 防水混凝土防水

当地下室地坪和墙体均为钢筋混凝土结构时,应采用抗渗性能好的防水混凝土材料,

常采用的防水混凝土有普通混凝土和外加剂混凝土。普通混凝土主要是采用不同粒径的骨料进行级配，并提高混凝土中水泥砂浆的含量，使砂浆充满于骨料之间，从而堵塞因骨料间不密实而出现的渗水通路，以达到防水的目的。外加剂混凝土是在混凝土中渗入加气剂或密实剂，以提高混凝土的抗渗性能，如图 6-23 所示。

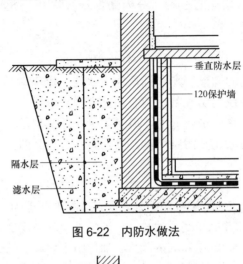

图 6-22　内防水做法

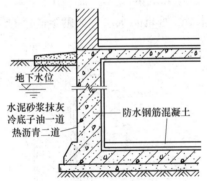

图 6-23　防水混凝土做法

3. 弹性材料防水

随着新型高分子合成防水材料的不断涌现，地下室的防水构造也在更新，如我国目前使用的三元乙丙橡胶卷材，能充分适应防水基层的伸缩及开裂变形，拉伸强度高，拉断延伸率大，能承受一定的冲击荷载，是耐久性极好的弹性卷材；又如聚氨酯涂膜防水材料，有利于形成完整的防水涂层，对在建筑内有管道、转折和高差等特殊部位的防水处理极为有利。

涂料防水是指在施工现场以刷涂、刮涂、滚涂等方法将无定型液态冷涂料在常温下涂敷于地下室结构表面的一种防水做法，如图 6-24 所示。涂料种类有水乳型(普通乳化沥青、水性石棉厚质沥青、阴离子合成胶乳化沥青、阳离子氯丁胶乳化沥青)，溶剂型(再生胶沥青)和反应型(聚氨酯涂膜)等几种，能防止地下无压水和水头不大于 1.5m 的静压水的侵入。适用于新建砌体或钢筋混凝土结构迎水面的专用防水层或新建防水混凝土结构迎水面的附加防水层，还可敷设在已建建筑物结构内侧作为防潮、防水的补漏措施。但不适用或慎用于含有油脂、汽油或其他能溶解涂料的地下环境，涂料层外侧应作砂浆或砖墙的保护层。

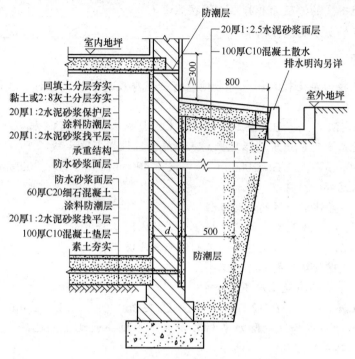

图 6-24　涂料防水做法

本章小结

本章主要介绍了基础和地下室，讲解了地基与基础的基本概念和分类，还包含了地下室的构造类型以及地下室的防潮和防水的构造做法。通过本章的学习，学生们能够掌握基础与地下室的基本构造，以及局部的具体设计和做法，帮助学生更好地适应以后的学习和工作。

实训练习

一、填空题

1. 人工地基的加固处理方法有_____、_____、_____。
2. 桩基中的桩由_____和_____构成。
3. 地下水对某些土层的承载能力有很大影响，因此，我们一般将基础争取埋置在_____以上。
4. 基础按形式不同可以分为_____，_____，_____。
5. 管沟一般都沿内外墙布置，可以分为三种：_____，_____，_____。

6. 人防地下室按照其重要性分为_____级。

7. 人防地下室的掩蔽面积标准应该按照每人_____计算。

8. 地下室的防水构造做法有: _____, _____, _____。

二、单选题

1. 当地基持力层比较软弱或部分地基有一定厚度的软弱土层时，我们常采用哪种方法来加固地基? (   )

    A. 压实法   B. 换土法   C. 打桩法   D. 机械压实法

2. 由于地基土可能出现冻胀现象，基础底面应埋置在冰土线以下(   )。

    A. 100mm   B. 200mm   C. 400mm   D. 300mm

3. 三级人防指(   )。

    A. 省、直辖市一级的人防工程

    B. 县、区一级及重要的通讯枢纽一级的人防工程

    C. 医院、救护站以及重要的工业企业的人防工程

    D. 普通建筑物下面的掩蔽工事

4. 人防地下室的净空高度不应小于(   )。

    A. 2.0m   B. 2.1m   C. 2.2m   D. 2.3m

5. 地下水外防水构造的防水卷材数由地下水位高出地下室地坪高度 H 确定，当 6m<H<12m 时，其层数应为(   )层。

    A. 3   B. 4   C. 5   D. 6

三、简答题

1. 简述人工地基加固的方法。

2. 简述基础的类型有哪些。

3. 简述地下室由哪些部分组成。

第 6 章课后答案.docx

实训工作单

班级		姓名		日期	
教学项目		基础和地下室			
任务	掌握基础和地下室的分类和构造做法		方式	现场参观记录、认知	
相关知识			建筑设计、施工技术、构造做法		
其他要求					

现场参观记录

评语				指导老师	

第 7 章 墙 体

📖 【教学目标】

- 熟悉墙体的类型和设计要求。
- 掌握墙体的保温隔热与节能构造。
- 掌握墙体的抗震构造知识。
- 掌握墙体的细部构造知识。
- 了解隔墙的基本知识。

第 7 章 墙体.pptx

🏃 【教学要求】

本章要点	掌握层次	相关知识点
墙体的类型和设计要求	1. 墙体类型 2. 墙体设计要求	墙体设计相关知识
墙体保温隔热与节能	1. 墙体保温隔热设计要求 2. 门窗节能构造 3. 外墙绿化技术	墙体的保温隔热与节能
墙体抗震设计要求	1. 墙体抗震一般规定 2. 圈梁和构造柱	墙体抗震
墙体细部构造	1. 防潮层 2. 勒脚、散水、踢脚线 3. 窗台、过梁、变形缝	墙体细部构造

⚙ 【案例导入】

　　北京某校教学楼为二层砖混结构，370mm 厚砖墙(MU7.5,M1)钢筋混凝土楼板，木屋架，如图 7-1(a)所示。屋架两端用螺栓固定在支承墙顶端的钢筋混凝土圈梁上，圈梁外每隔 1m 有一个外伸 1.2m 的挑檐梁。该楼建成后不久即发现在二层 1m 宽的窗间墙内侧有通长水平裂缝，约 1mm 宽，如图 7-1(b)所示。发现裂缝后随即凿开抹灰层，在裂缝后贴石膏，两个月后，石膏又开裂，说明裂缝还在发展。从裂缝的位置、宽度和发展趋势分析，属砖砌体偏心受压破坏的前兆，墙体处于危险状态，必须立即进行加固。

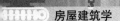

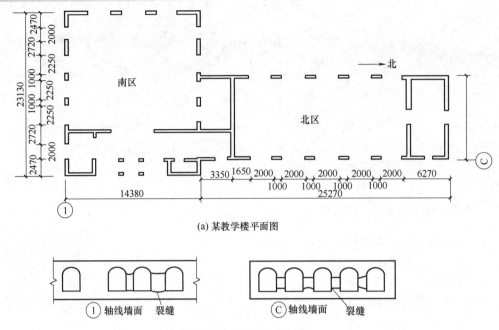

(a) 某教学楼平面图

(b) 某校教学楼墙面有裂缝的位置

图 7-1　某教学楼平面和墙体裂缝示意图

【问题导入】

结合本章内容，分析墙体出现裂缝的原因是什么？

7.1　墙体类型及设计要求

墙体是房屋的重要承重结构，墙体也是建筑物的主要围护结构，占建筑物总重量的 30%～45%，其耗材、造价、自重和施工周期在建筑的各个组成构件中都占据着重要的位置。且根据墙体在建筑物中所处的位置、功能与作用不同，对墙体有着不同的设计要求。因而在工程设计中合理地选择墙体材料、结构方案及构造做法十分重要。

墙体根据所处的位置不同，其作用也不尽相同，如外墙是建筑物的竖向围护构件，担负着防烈日、隔噪音、遮风雨、避寒暑的任务；内墙起着分隔建筑内部空间，以满足各种不同的使用功能的作用；对于砌体结构建筑，部分墙体还起着竖向承重的重要作用，承担着自身重力荷载、楼板传来的荷载、风荷载等的作用。

墙体.mp4

7.1.1　墙体类型

建筑物的墙体因其所在位置、材料组成、受力情况及施工方法不同，一般有以下几种分类方式。

1. 按所在位置及方向分类

根据在平面中所处位置不同,墙体可分为外墙、内墙、纵墙和横墙。

外墙位于建筑物周边,是建筑物的外围护结构,起着挡风、阻雨、保温、隔热等作用,使内部空间不受自然界因素的侵袭;内墙位于建筑物内部,起着分隔内部空间的作用;沿建筑物短轴方向布置的墙为横墙,横墙有内横墙和外横墙之分,外横墙一般又称山墙;沿建筑长轴方向布置的墙称为纵墙,纵墙有外纵墙和内纵墙之分;任何墙上,窗与窗或门与窗之间的墙称为窗间墙,窗洞下部的墙为窗下墙,如图7-2所示。

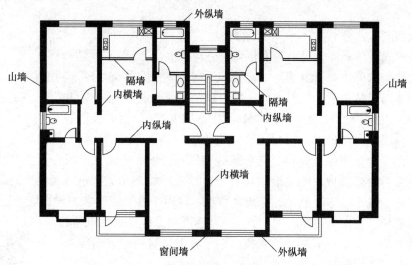

图7-2 墙体各部分名称图

2. 按受力状况分类

根据结构受力情况的不同,墙体有承重墙和非承重墙两种,承受墙体上部结构传来荷载的墙称为承重墙,反之为非承重墙。非承重墙又分为自承重墙、隔墙、填充墙和幕墙。自承重墙仅承受自身重量,并把自重传至基础;隔墙把自重传给梁或楼板,起分隔空间的作用,如框架结构中的内填充墙就是隔墙的一种;填充墙悬挂于建筑物外部骨架或楼板间的轻质外墙称

音频.墙体的分类.mp3

承重墙.mp4

为幕墙,有金属、玻璃及复合材料幕墙。混合结构中,非承重墙分为自承重墙和隔墙;框架结构中,非承重墙分为填充墙和幕墙,如图7-3所示。

3. 按材料及构造方式分类

1) 按所用材料分

用砖和砂浆砌筑的墙为砖墙,砖分为烧结普通砖、烧结多孔砖、黏土空心砖、蒸压灰砂普通砖、蒸压粉煤灰普通砖、混凝土普通砖、混凝土多孔砖等;用石块和砂浆砌筑的墙为石墙;用土坯和黏土、砂浆砌筑的墙或模板内填充黏土夯实而成的墙为土墙;用钢筋混凝土现浇或预制的墙为钢筋混凝土板材墙,玻璃幕、复合材料幕墙均为板材墙;还有用工业废料制作的砌块砌筑的砌块墙等。

图 7-3 墙体承重图

2) 按构造方式分

按构造方式不同，墙体可分为实体墙、空体墙、组合墙和幕墙四种。

(1) 实体墙由单一材料组成，如烧结普通砖及其他实体砌块砌成的墙。

(2) 空体墙也是由单一材料组成，既可以是由单一材料砌成内部空腔，如空斗墙(内部为空腔)，也可用具有空洞的材料建造墙，如空心砌块墙、空心板墙等。

(3) 组合墙是由两种以上材料组合而成的墙，其主体结构一般为烧结普通砖或钢筋混凝土，内外侧复合轻质保温材料，常用的有充气石膏板、水泥聚苯板、水泥珍珠岩、石膏聚苯板、纸面石膏岩棉板、石膏玻璃丝复合板以及目前为满足建筑节能要求的聚苯板和挤塑苯板等，这些组合墙体质量轻、导热系数小，可用于有节能要求的建筑墙体当中。

(4) 幕墙是悬挂在主体结构上的外墙，幕墙不承重但要承受风荷载，并通过连接件将自重和风荷载传给主体结构。幕墙按材料分玻璃幕墙、金属幕墙和石材幕墙等类型。

玻璃幕墙是由金属构件与玻璃板组成的建筑外围护结构，按其组合方式和构造做法的不同，有明框玻璃幕墙、隐框玻璃幕墙、全玻璃幕墙和点式玻璃幕墙等。

幕墙.docx

金属幕墙是金属构架与金属板材组成的，不承担主体结构荷载与作用的建筑外围护结构。金属板一般包括单层铝板、铝塑复合板、蜂窝铝板、不锈钢板等。金属幕墙构造与隐框玻璃幕墙构造基本一致。

石材幕墙是由金属构架与建筑石板组成的，不承担主体结构荷载与作用的建筑外围结构。石材幕墙由于石板(多为花岗石)较重，金属构架的立柱常用镀锌方钢、槽钢或角钢，横梁常采用角钢。立柱和横梁与主体的连接固定与玻璃幕墙的连接方法基本一致。

4. 按施工方法分类

根据施工方法的不同，墙体可分为叠砌墙、板筑墙和板材墙。叠砌墙是各种材料制作的块材(如烧结普通砖、烧结多孔砖、蒸压灰砂普通砖、石块、小型砌块等)用砂浆等胶结材料砌筑而成，也称为块材墙；板筑墙则是在施工现场立模板，现浇而成的墙，例如现浇混凝土墙等；板材墙是预先制成墙板，施工现场安装而成的墙，例如预制装配的钢筋混凝土大板墙，各种轻质条板内隔墙等。

7.1.2 墙体的设计要求

对以墙体承重为主的少层或多层砌体结构，从结构上考虑，常要求各层的承重墙上、下必须对齐；各层的门、窗洞孔也以上、下对齐为佳。此外，还需考虑以下两方面的要求。

1) 合理选择墙体结构布置方案

墙体在结构布置上有横墙承重、纵墙承重、混合承重和部分框架承重等几种结构方案，如图7-4所示。

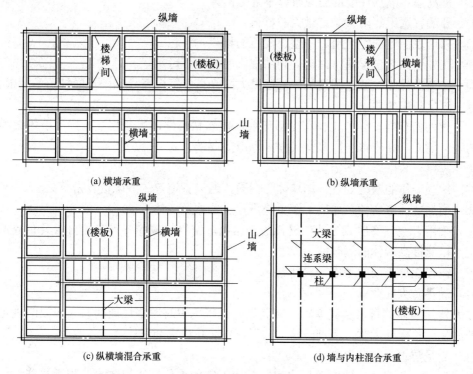

(a) 横墙承重　　　　　　　　　　　(b) 纵墙承重

(c) 纵横墙混合承重　　　　　　　　(d) 墙与内柱混合承重

图7-4　墙体结构布置方案

2) 足够的强度和稳定性

强度是指墙体承受荷载的能力，它与所采用的材料、材料的强度等级及砌筑质量、墙体尺寸、构造和施工方法有关。在确定墙体材料的基础上应通过结构计算来确定墙体的厚度，以满足强度的要求。墙体的稳定性与墙的高度、长度和厚度以及纵、横向墙体间的距离有关。

提高砌体强度有以下方法：①选用适当的墙体材料；②加大墙体截面积；③在截面积相同的情况下，提高构成墙体的砖、砂浆的强度等级。

墙体高厚比的验算是保证砌体结构在施工阶段和使用阶段稳定性的重要措施。提高墙体稳定性可采取以下方法。

① 增加墙体的厚度，但这种方法有时不够经济。

② 提高墙体材料的强度等级。

③ 增加墙垛、壁柱、圈梁等构件。

3) 满足热工方面的要求

热工主要考虑墙体的保温与隔热性。

(1) 提高墙体保温性能的途径有以下几方面。

① 增加墙体厚度，可提高热阻但不经济。

② 选择导热系数小的材料。

③ 冷桥做局部保温处理。

④ 做复合保温墙体。

(2) 提高墙体隔热性能的途径有以下几方面。

① 外墙宜选用热阻大、重量大的材料。

② 外墙表面应选用光滑、平整、浅色的材料。

③ 在外墙内部设置通风间层，利用空气的流动带走热量。

④ 在窗口外侧设置遮阳设施，以遮挡太阳光直射室内在外墙外表面种植攀绿植物。

4) 满足隔声的要求

为了使人们获得安静的工作和生活环境，提高私密性，避免相互干扰，墙体必须要有足够的隔声能力，并应符合国家有关隔声标准的要求。

墙体隔声一般采取以下措施。

① 加强墙体的密缝处理。如墙体与门窗、通风管道等的缝隙进行密缝处理。

② 增加墙体密实性及厚度。避免噪声穿透墙体及墙体振动。

③ 采用有空气间层或多孔性材料的夹层墙。空气或玻璃棉等多孔材料具有减振和吸音作用，以此提高墙体的隔声能力。

④ 在建筑总平面中考虑隔声问题。

5) 满足防火的要求

作为建筑墙体的材料及其厚度，应满足防火规范中对燃烧性能和耐火极限的规定。当建筑的面积或长度较大时，应划分防火分区，以防止火灾蔓延。

6) 满足防水、防潮要求

对卫生间、厨房、实验室等用水房间及地下室的墙体应采取防水、防潮措施。可选用良好的防水材料及恰当的构造做法，以提高墙体的耐久性，保证室内有良好的卫生环境。此外，墙体还应考虑建筑机械化施工和经济等方面的要求。

7.2   墙体的保温隔热与节能构造

7.2.1   建筑热工设计分区及要求

我国地域辽阔，气候差异大，各地区的建筑设计不尽相同，房屋的内外结构、高度、造型及建筑材料也有所差异。《民用建筑热工设计规范》(GB 50176—2016)将我国划为五个建筑热工分区，即严寒地区、寒冷地区、夏热冬冷地区、夏热冬暖地区、温和气候区。具体划分和要求如表 7-1 所示。

表7-1 建筑热工设计分区及要求

分区名称	分区指标		设计要求
	主要指标	辅助指标	
严寒地区	最冷月平均温度 ≤-10℃	日平均温度≤5℃的天数 ≥145d	必须充分满足冬季保温要求,一般可不考虑夏季防热
寒冷地区	最冷月平均温度 0~-10℃	日平均温度≤5℃的天数 90~145d	应满足冬季保温要求,部分地区兼顾夏季防热
夏热冬冷地区	最冷月平均温度 0~-10℃ 最热月平均温度 25~30℃	日平均温度≤5℃的天数 0~90d, 日平均温度≥25℃天数 40~110d	必须满足夏季防热要求,兼顾冬季保温
夏热冬暖地区	最冷月平均温度 >10℃ 最热月平均温度 25~29℃	日平均温度≥25℃天数 100~200d	必须满足夏季防热要求,一般可不考虑冬季保温
温和地区	最冷月平均温度 0~13℃, 最热月平均温度 18~25℃	日平均温度<5℃天数 0~90d	部分地区应满足冬季保温,一般可不考虑夏季防热

7.2.2 冬季保温设计要求

建筑保温是指为减少冬季通过房屋围护结构向外散失热量,并保证围护结构薄弱部位内表面温度不致过低而采取的建筑构造措施。

(1) 建筑物宜设在避风和向阳的地段。

(2) 建筑物的体形设计宜减少外表面积,其平、立面的凹凸面不宜过多。

音频.提高外墙保温
能力的措施.mp3

(3) 居住建筑,在严寒地区不应设开敞式楼梯间和开敞式外廊;在寒冷地区不宜设开敞式楼梯间和开敞式外廊。公共建筑,在严寒地区出入口处应设门斗或热风幕等避风设施;在寒冷地区出入口处宜设门斗或热风幕等避风设施。

(4) 建筑物外部窗户面积不宜过大,应减少窗户缝隙长度,并采取密闭措施。

(5) 外墙、屋顶、直接接触室外空气的楼板和不采暖楼梯间的隔墙等围护结构,应进行保温验算,其传热阻应大于或等于建筑物所在地区要求的最小传热阻。

(6) 当有散热器、管道、壁龛等嵌入外墙时,该处外墙的传热阻应大于或等于建筑物所在地区要求的最小传热阻。

(7) 围护结构中的热桥部位应进行保温验算,并采取保温措施。

(8) 严寒地区居住建筑的底层地面,在其周边一定范围内应采取保温措施。

7.2.3 夏季防热设计要求

建筑隔热是指为减少夏季由太阳辐射和室外空气形成的热作用，通过房屋围护结构传入室内，防止围护结构内表面温度不致过高而采取的建筑构造措施。

(1) 建筑物的夏季防热应采取自然通风、窗户遮阳、围护结构隔热和环境绿化等综合性措施。

(2) 建筑物的总体布置，单体的平、剖面设计和门窗的设置，应有利于自然通风，并尽量避免主要房间受东、西向的日晒。

(3) 建筑物的向阳面，特别是东、西向窗户，应采取有效的遮阳措施。在建筑设计中，宜结合外廊、阳台、挑檐等处理方法达到遮阳目的。

(4) 屋顶和东、西向外墙的内表面温度，应满足隔热设计标准的要求。

(5) 为防止潮霉季节地面泛潮，底层地面宜采用架空做法。地面层宜选用微孔吸湿材料。

7.2.4 门窗节能构造

门窗是围护结构中保温、隔热的薄弱环节，是影响建筑室内热环境和造成能耗过高的主要原因。在传统建筑，通过窗的耗热量占建筑总能耗 20%以上；在节能建筑中，有保温材料的墙体热阻增大。窗的热损失占建筑总能耗的比例更大；在空调建筑中，通过窗户(特别是阳面窗户)进入室内的太阳辐射热，极大地增加了空调负荷。造成门窗能量损失大的原因是门窗与周围环境进行热交换。例如，通过门窗框的热损失，通过玻璃进入室内的太阳辐射热或向室外的热损失，窗洞口热桥及通过门窗缝隙造成的热损失。因此，门窗节能设计主要应从门窗型式、门窗型材、玻璃、密封等方面入手。

(1) 选择节能门窗形式。门窗形式是影响其节能性能的重要因素。以窗型为例，推拉窗的节能效果差，而平开窗和固定窗的节能效果显著。固定窗是最节能的窗型，但是考虑开启，设计时应优先选择平开门(窗)。

(2) 门窗框多采用轻质薄壁结构，是外门窗中能量流失的薄弱环节，门窗型材的选用至关重要。目前节能门窗的框架类型很多，如断热铝材、断热钢材、玻璃钢材及铝塑、铝木等复合型材料。断热铝材门窗将铝、塑两种材料的优点集于一身，节能效果好，应用广泛。

(3) 选用节能玻璃。采用节能玻璃是提高门窗保温节能效果的一个重要因素。节能玻璃的种类包括：吸热玻璃、镀膜玻璃、中空玻璃和真空玻璃。其中，建筑门窗中使用中空玻璃是一种有效的节能环保措施，在实际工程中应用广泛。

(4) 密封要严密。门窗框与墙体间隙不得用水泥砂浆填塞，应采用弹性材料嵌缝饱满，表面用密封胶密封。

(5) 控制窗墙面积比。窗墙面积比是指洞口面积与房间里面单元面积的比值。窗墙面积比的确定要综合考虑不同地区冬、夏季的日照情况、季风影响、室外空气温度、室内采光设计标准、外窗开窗与建筑能耗等因素。

7.2.5 围护结构的蒸汽渗透

冬季，室内空气的温度和绝对湿度都比室外高，因此，在围护结构两侧存在着水蒸气压力差，水蒸气分子由压力高的一侧向压力低的一侧扩散，这种现象叫蒸汽渗透。

在渗透过程中，水蒸气遇到露点温度时，蒸汽含量达到饱和，并立即凝结成水，称为结露。隔汽措施常在墙体保温层靠高温一侧，即蒸汽渗入的一侧，设置隔汽层。以防止水蒸气内部凝结。隔汽层一般采用沥青、卷材、隔汽涂料以及铝箔等防潮、防水材料，隔离蒸汽措施如图7-5所示。

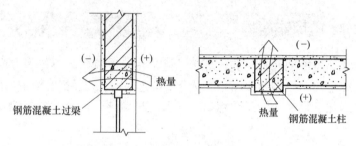

图 7-5　隔离蒸汽措施图

7.2.6 夏热冬冷地区节能墙体构造

1. 外墙外保温

其结构做在主体结构的外侧，等于给整个建筑物加了保护衣。其优点：一是能够保护建筑主体结构，延长建筑物寿命；二是增加房屋使用面积；三是避免外墙圈梁构造柱梁门窗形成散热通道，有效防止内保温结构很难克服的"热桥"现象。外墙外保温是目前大力推广的一种保温节能技术。

这是一种将保温隔热材料放在外墙外侧(即低温一侧)的复合墙体，具有较强的耐候性、防水性和防水蒸气渗透性。同时具有绝热性能优越、能消除热桥、减少保温材料内部凝结水的可能性，便于室内装修等优点。但是由于保温材料直接做在室外，需承受的自然因素，如风雨、冻晒、磨损与撞击等影响较多，因而对这种墙体的构造处理要求很高。必须对外墙面另加保护层和防水饰面，在我国寒冷地区外保护层厚度要达到 30～40mm。

2. 外墙内保温

其结构是在外墙结构的内部加做保温层。其优点：一是施工速度快；二是技术较成熟。但也有缺点，首先是保温层做在墙体内部，减少了商品房的使用面积；其次是影响居民的二次装修，室内墙壁上挂不上装饰画之类的重物，且内墙悬挂固定物件很容易破坏内保温结构；再次是容易产生内墙体发霉等现象；最后内保温结构会导致内外墙出现两个温度场，形成温差，外墙面的热胀冷缩现象比内墙面变化大，这会给建筑物结构产生不稳定性，保温层易出现裂缝。

外墙内保温复合墙体在我国的应用也较为广泛，其常用的构造方式有粘贴式、挂式、粉刷式三种。外墙内保温墙体施工简便、保温隔热效果好、综合造价低，特别适用于夏热

冬冷地区。由于保温材料的蓄热系数小，有利于室内温度的快速升高或降低，其性价比不高，故适用范围广。但必须注意外维护结构内部产生冷凝结水的问题。

3. 外墙夹心保温

在复合墙体保温形式中，为了避免蒸汽由室内高温一侧向室外低温一侧渗透，在墙内形成凝结水，或为了避免受室外各种不利因素的袭击，常采用半砖或其他预制板材加以处理，使外墙形成夹心构件，即双层结构的外墙中间放置保温材料，或留出封闭的空气间层。这种构造可使保温材料不易受潮，且对保温材料的要求也较低。外墙空气间层的厚度一般为 40～60mm，并且要求处于密闭状态，以达到好的保温目的。

7.2.7 外墙绿化技术

外墙绿化在夏热冬冷地区具有美化环境、降低污染、遮阳隔热等多方面的功能。尽管绿化对建筑的遮阳隔热作用和效果早已为人所知，但由于缺乏绿化隔热技术的基础研究，使得目前的建筑绿化多数是作为景观点缀，尤其是外墙绿化，没有很好地发挥出生态隔热的作用。

1. 外墙绿化遮阳的形式

要想达到外墙绿化遮阳隔热的效果，外墙在阳光方向必须大面积地被植物遮挡。常见的有两种形式：一种是植物直接爬在墙上，覆盖墙面；另一种是在外墙的外侧种植密集的树林，利用树荫遮挡阳光。

爬墙植物遮阳隔热的效果与植物叶面对墙面覆盖的疏密程度(用叶面积指数表示)有关，覆盖越密，遮阳效果越好；这种形式的缺点是植物覆盖妨碍了墙面通风散热，因此墙面平均温度略高于空气平均温度。植树遮阳隔热的效果与投射到墙面的树荫疏密程度有关，由于树林与墙面有一定的距离，墙面通风比爬墙植物的情况好，因此墙面平均温度几乎等于空气平均温度。为了不影响房屋冬季争取日照的要求，南向外墙宜种植落叶植物。冬季叶片脱落，墙面暴露在阳光下，成为太阳能集热面，能将太阳能吸收并缓缓向室内释放，可以节约常规采暖能耗。

2. 外墙绿化热效益分析

外墙绿化具有隔热和改善室外热环境双重热效益。为了达到节能建筑所要求的隔热性能，完全暴露于阳光下的外墙，其热阻值比被植物遮阳的外墙至少应高出 50%，即需要增大热阻才能达到同样的隔热效果。外墙绿化有利于改善城市的局部热环境，降低热岛强度。

与建筑遮阳构件相比，外墙绿化遮阳的隔热效果更好。各种遮阳构件，不管是水平的还是垂直的，它们遮挡了阳光，同时也成为太阳能集热器，吸收了大量的太阳辐射，大大地提高了自身的温度，然后再辐射到被它遮阳的外墙上，因此被它遮阳的外墙表面温度仍然比空气温度高。而绿化遮阳的情况则不然，对于有生命的植物，具有温度调节、自我保护的功能。在日照下，植物把根部吸收的水分输送到叶面蒸发，日照越强，蒸发越大，犹如人体出汗，使自身保持较低的温度，而不会对它的周围环境造成过强的热辐射。因此，被植物遮阳的外墙表面温度低于被遮阳构件遮阳的墙面温度，所以外墙绿化遮阳的隔热效果优于遮阳构件。

外墙绿化具有良好的热性能，然而要真正达到遮阳隔热的效果却并非易事。首先，遮阳植物的生长需要较长的时间，遮阳面积越大，植物所需的生长时间越长。目前，凡是绿化遮阳好的建筑，其遮阳植物都经过了多年的生长期，例如，爬墙植物从地面生长到布满一幢三层楼的外墙至少需要 5 年时间。这就不像建筑的其他隔热措施，一旦建筑施工完毕，其隔热效果立竿见影。其次，遮阳植物的生长高度不会很高，因此其遮阳的建筑一般为低层房屋。

对于传统的绿化遮阳措施，存在着建成时间长、效率低的问题，可以采取分段垂直绿化、预先培植遮阳植物进行移栽的办法。

7.3　墙体的抗震构造

7.3.1　一般规定

1. 抗震目标

建筑物的抗震目标如表 7-2 所示。

表 7-2　建筑物抗震目标

抗震目标	抗震详细目标
小震不坏	当遭受低于本地区抗震设防烈度的多遇地震影响时，主体结构不受损坏或不需要修理仍可继续使用
中震可修	当遭受相当于本地区抗震设防烈度的地震影响时，可能损坏，经一般性修理仍可继续使用
大震不倒	当遭受高于本地区抗震设防烈度的罕遇地震影响时，不致倒塌或发生危及生命的严重破坏

2. 建筑抗震设防分类

(1) 建筑物的抗震设计根据其使用功能的重要性分为甲、乙、丙、丁四个抗震设防类别；大量的建筑物属于丙类。

(2) 砌体结构抗震。

在强烈地震的作用下，多层砌体房屋的破坏部位主要是墙身，楼盖本身的破坏较轻。砌体结构抗震措施主要有以下几个方面。

① 设置钢筋混凝土构造柱，提高延性。

② 设置钢筋混凝土圈梁与构造柱连接起来，增强房屋的整体性。

③ 加强墙体的连接，楼板和梁应有足够的支承长度和可靠连接。

④ 加强楼梯间的整体性。

(3) 框架结构抗震。

框架结构震害的严重部位多发生在框架梁柱节点和填充墙处，柱的震害重于梁，柱顶

的震害重于柱底，角柱的震害重于内柱，短柱的震害重于一般柱。框架结构的抗震措施有：把框架设计成延性框架，遵守强柱、强节点、强锚固，避免短柱、加强角柱，框架沿高度不宜突变，避免出现薄弱层，控制最小配筋率，限制配筋最小直径等原则。

3. 防震缝的作用

防震缝可以将不规则的建筑物分割成几个规则的结构单元，每个单元在地震作用下受力明确、合理，避免产生扭转或应力集中的薄弱部位，有利于抗震。

7.3.2 增设圈梁

圈梁配合楼板的作用可提高建筑的空间刚度和整体性，增强墙体的稳定性，减少由于地基不均匀沉降而引起的开裂，提高建筑物的抗震能力。对抗震设防地区，利用圈梁加固墙身尤为重要。

圈梁的高度一般不小于 120mm，常见为 180mm、240mm、300mm。当遇到门窗洞口使圈梁不能闭合时，应在洞口上部设置一道不小于圈梁截面的附加圈梁。附加圈梁与圈梁的搭接长度应不小于 $2H$，亦不小于 1000mm，如图 7-6 所示。

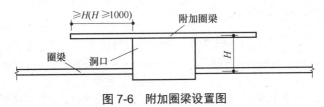

图 7-6　附加圈梁设置图

圈梁的数量和位置与建筑物的高度、层数、地基状况和地震烈度有关。

装配式钢筋混凝土楼、屋盖或木楼、屋盖的砖房，横墙承重时按表 7-3 的要求设置圈梁；纵墙承重时每层均应设置圈梁，且抗震横墙上的圈梁间距应比表内要求适当加密。

现浇或装配整体式钢筋混凝土楼、屋盖与墙体有可靠连接的房屋，应允许不另设圈梁，但楼板沿墙体周边应加强配筋并应与相应的构造柱钢筋可靠连接，圈梁详细设置如表 7-3 所示。

表 7-3　圈梁设置要求及配筋

圈梁设置及配筋		设计烈度		
		6、7 度	8 度	9 度
圈梁设置	沿外墙及内纵墙	屋盖处必须设置，楼层处隔层设置	屋盖处及每层楼盖设置	屋盖处及每层楼盖处设置
	沿内横墙	同上，屋盖处间距不大于 7m，楼盖处间距不大于 15m，构造柱对应部位	同上，屋盖处沿所有横墙且间距不大于 7m，楼盖处间距不大于 7m，构造柱对应部位	同上，各层所有横墙
配筋		4Φ8，Φ6@250	4Φ10，Φ6@200	4Φ12，Φ6@150

圈梁有钢筋砖圈梁和钢筋混凝土圈梁两种。钢筋砖圈梁多用于非抗震地区,结合钢筋砖过梁使其沿外墙兜圈而成。钢筋混凝土圈梁的宽度一般与墙同厚,但在寒冷地区,由于钢筋混凝土导热较大,要避免"热桥现象",局部应做保温处理。钢筋混凝土圈梁宜设在楼板或屋面板同一标高处(称为板平圈梁);或紧贴板底(称为板底圈梁),如图7-7所示。

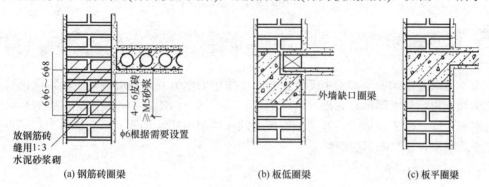

(a) 钢筋砖圈梁 (b) 板低圈梁 (c) 板平圈梁

图7-7 三种过梁的构造示意图

7.3.3 增设构造柱

在地震设防区,对砖石结构建筑的高度、横墙间距、圈梁设置以及墙体的局部尺寸都提出了一定的限制和要求。此外,为增强建筑物的整体刚度和稳定性,还要求提高砌体砌筑砂浆的强度以及设置钢筋混凝土构造柱。

构造柱.docx

钢筋混凝土构造柱是从构造角度考虑设置的,一般设在建筑物的四角,内外墙交接处,楼梯间、电梯间及较长的墙体中。构造柱必须与圈梁及墙体紧密连接。对整个建筑物形成空间骨架,从而增强建筑物的整体刚度,提高墙体的应变能力,使墙体由脆性变为延性较好的结构,做到裂而不倒。

多层普通砖房按表7-4的要求设置构造柱。

表7-4 构造柱设置要求

房屋层数				各种层数和烈度 均设置的部位	随层数和烈度变化而增设的部位
6度	7度	8度	9度		
4、5	3、4	2、3	—	外墙四角:	7~9度时,楼、电梯间的横墙与外墙交接处
6~8	5、6	4	2	错层部位横墙与外纵墙交接处;	隔开间横墙与外墙交接处;山墙与外墙交接处;7~9度时,楼、电梯间的横墙与外墙交接处
—	7	5、6	3、4	较大洞口两侧;大房间内外墙交接处	内墙与外墙交接处;内墙局部较小墙垛处;7~9度时,楼、电梯间的横墙与外墙交接处;9度时内横墙与横墙交接处

构造柱的做法:构造柱的下端应锚固于钢筋混凝土基础或基础梁内,柱截面应不小于180mm×240mm。主筋一般采用4ф12或4ф14,箍筋采用ф6,间距不大于250mm,墙与柱之间应沿墙高每500mm设2ф6钢筋拉结,每边伸入墙内不少于1000mm。施工时先砌墙,

构造柱与墙的连接处宜砌成马牙槎,随着墙体的上升而逐段现浇混凝土柱身。构造柱的设置应与结构设计统一考虑。

7.4 墙体的细部构造

7.4.1 防潮层

由于砖或其他砌块基础的毛细管作用,土壤中的水分易从基础墙处上升,腐蚀墙身,因此必须在内、外墙脚部设置连续的防潮层以隔绝地下水的作用,提高建筑物的耐久性,保持室内干燥、卫生。墙身防潮层应在所有的内外墙中连续设置,且按构造形式的不同分为水平防潮层和垂直防潮层两种。

1. 防潮层的位置

防潮层的位置首先至少高出入行道或散水表面 150mm 以上,防止雨水溅湿墙面。鉴于室内地面构造的不同,防潮层的标高多为以下几种情况。

(1) 当室内地面垫层为混凝土等不透水材料时,水平防潮层设在垫层范围内,并低于室内地坪 60mm(即一皮砖)处,如图 7-8(a)所示。

(2) 当室内地面垫层为炉渣、碎石等透水材料时,水平防潮层的位置应平齐或高于室内地面 60mm(即一皮砖)处,如图 7-8(b)所示。

(3) 当室内地面低于室外地面或内墙两侧地面出现高差时,防潮层设在两不同标高的室内地坪以下 60mm(即一皮砖)的地方。除了要分别设置两道水平防潮层外,还应对两道水平防潮层之间靠土一侧的垂直墙面设垂直防潮层做防潮处理,如图 7-8(c)所示。

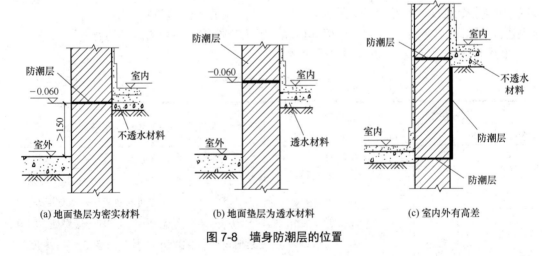

(a) 地面垫层为密实材料　　　(b) 地面垫层为透水材料　　　(c) 室内外有高差

图 7-8　墙身防潮层的位置

2. 防潮层的做法

1) 水平防潮层的做法

(1) 卷材防潮层:先用 10~15 厚 1:3 水泥砂浆找平,再铺一毡一油或平铺油毡一层(搭接长度≥70mm)。卷材防潮层具有一定的韧性、延伸性和良好的防潮性能,但整体性差,对抗震不利，不宜用于有抗震要求的建筑中，如图 7-9(a)所示。

(2) 砂浆防潮层：是在需要设置防潮层的位置铺设防水砂浆层或用防水砂浆砌筑 1～2 皮砖。防水砂浆是在水泥砂浆中，加入水泥重量的 3%～5%的防水剂配制而成，防潮层厚 20～25mm。防水砂浆能克服卷材防潮层的缺点，故较适用于抗震地区和一般的砖砌体中，但当地基有不均匀沉降时，会开裂失效，如图 7-9(b)所示。

(3) 细石钢筋混凝土防潮层：在 60mm 厚的细石混凝土中配 3φ6～3φ8 钢筋形成防潮带，或结合地圈梁的设置形成防潮层。这种防潮层抗裂性能好，且能与砌体结合为一体，故适用于整体刚度要求较高的建筑中，如图 7-9(c)所示。

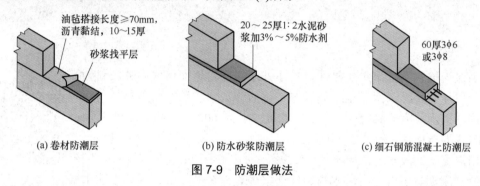

(a) 卷材防潮层　　　　　　(b) 防水砂浆防潮层　　　　　(c) 细石钢筋混凝土防潮层

图 7-9　防潮层做法

2) 垂直防潮层

垂直防潮层做法：水泥砂浆抹面，外刷冷底子油一道，热沥青两道。

7.4.2　勒脚

勒脚是建筑物外墙的墙脚，即建筑物的外墙与室外地面或散水部分的接触墙体部位的加厚部分。也可这样定义：为了防止雨水反溅到墙面，对墙面造成腐蚀破坏，结构设计中对窗台以下一定高度范围内进行外墙加厚，这段加厚部分称为勒脚，如图 7-10 所示。

图 7-10　勒脚

勒脚.mp4

勒脚.docx

勒脚的作用是防止地面水、屋檐滴下的雨水的侵蚀，从而保护墙面，保证室内干燥，提高建筑物的耐久性，也能使建筑的外观更加美观，还可以防止外界机械性碰撞对墙体的损坏。

勒脚的设计方式有以下几种。

(1) 抹水泥砂浆、刷涂料勒脚。

(2) 贴石材勒脚。

(3) 面砖勒脚等防水耐久的材料。

勒脚使用的材料：涂料、砖、石材等。勒脚部位外抹水泥砂浆或外贴石材等防水耐久的材料，应与散水、墙身水平防潮层形成闭合的防潮系统。

7.4.3 散水与明沟

1. 散水

为保护墙体不受雨水的侵蚀，常在外墙四周将地面做成向外倾斜的坡面，以便将屋面雨水排至远处，这一坡面称散水。散水所用材料与明沟相同。散水坡度一般约 3%～5%，宽度一般为 600～1000mm。当屋面排水方式为自由落水时，要求其宽度比屋檐长出 200mm，如图 7-11 所示。

散水.mp4

用混凝土做散水时，为防止散水开裂，每隔 6～12m 留一条 20mm 的变形缝，用沥青灌实；在散水与墙体交接处设缝分开，嵌缝用弹性防水材料沥青麻丝，上用油膏作封缝处理。散水的构造做法是，一般用混凝土现浇，或用砖砌，再用水泥砂浆抹面，如图 7-12 所示。

图 7-11　散水

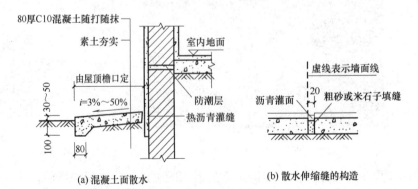

(a) 混凝土面散水　　　　(b) 散水伸缩缝的构造

图 7-12　散水构造做法示意图

2. 明沟

明沟是设置在外墙四周的将屋面落水有组织地导向地下排水集井的排水沟，其主要目的在于保护外墙墙基。明沟材料一般用素混凝土现浇，外抹水泥砂浆，或砖砌筑，水泥砂浆抹面，明沟构造如图7-13所示。

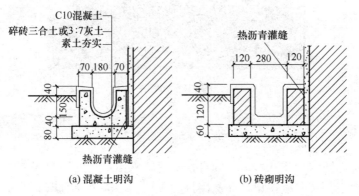

图 7-13 明沟构造图

7.4.4 踢脚和墙裙

1. 踢脚

踢脚是外墙内侧或内墙的两侧的下部和室内地坪交接处的构造，目的是防止扫地时污染墙面。踢脚的高度一般为120～150mm。常用的材料有水泥砂浆、水磨石、木材、油漆等，选用时一般应与地面材料一致，如图7-14所示。

图 7-14 踢脚线

2. 墙裙

在内墙抹灰中，门厅、走廊、楼梯间、卫生间等处因常受到碰撞、摩擦、潮湿的影响而变质，常在这些部位采取适当的保护措施，称为墙裙。墙裙高度一般为1.2～1.8m，有水泥砂浆饰面、水磨石饰面、瓷砖饰面、大理石饰面等，如图7-15所示。

图 7-15　墙裙

7.4.5　窗台

窗洞口下部的防水和排水构造，同时也是建筑立面重点处理的部位，有内窗台和外窗台之分。外窗台包括砖平砌挑出、砖侧砌挑出、预制混凝土窗台板三种类型。内窗台包括木窗台板、大理石板等类型。

1)　作用

窗台的作用主要是防止窗扇流下的雨水渗入墙内，防止外墙面受到流下雨水的污染。

2)　做法

窗台的做法通常有砖砌窗台和预制混凝土窗台。

砖砌窗台：包括平砌和侧砌，为防止雨水污染墙面，窗台一般向外挑出 60mm，窗台的厚度为 60~120mm。窗台面覆盖透水性较差的材料，如水泥砂浆、水刷石、面砖等，并做成向外倾斜且有一定的排水坡度，在挑砖的下缘处做出滴水槽或滴水线。窗台的构造窗台不悬挑时，在窗台面抹灰成斜面，此类窗台面流下的雨水易污染墙面。

外窗台的长度一般根据立面需要而定，可有下面几种处理方式。

① 将所有窗台连起来形成通长腰线。

② 将几个窗台连起来形成分段腰线。

③ 将窗台沿窗洞口四周挑出形成窗套。

一个窗一个窗台，各窗台之间互不相连，窗台长度比窗洞宽度每边长 120mm 左右。砖墙窗台构造如图 7-16 所示。

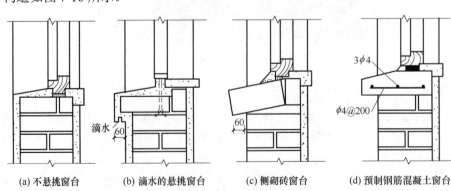

(a) 不悬挑窗台　　(b) 滴水的悬挑窗台　　(c) 侧砌砖窗台　　(d) 预制钢筋混凝土窗台

图 7-16　砖墙窗台构造

7.4.6 过梁

墙体上开设门窗洞口时，为了支持洞口上部砌体所传来的各种荷载，并将这些荷载传给窗间墙，常在门窗洞口中设置横梁，该梁称为过梁。

过梁的形式较多，可直接用砖砌筑，也可用钢筋混凝土、木材和型钢制作。其中砖砌过梁和钢筋混凝土过梁采用较广泛。

1. 砖拱过梁

砖砌平拱是我国传统式做法，包括平拱和弧拱两种。

平拱砖过梁砌筑时，要求灰缝上宽下窄，最宽不大于 20mm，最窄不小于 5mm，拱两端伸入墙内 20mm。平拱过梁的跨度≤1.2m。弧拱过梁的跨度可达 2～3m。砌筑砖拱过梁的砂浆强度不宜低于 M5。砖砌平拱过梁用竖砖砌筑部分的高度不应小 240mm。砖拱过梁可节省钢材和水泥，但施工麻烦，且不能用于有集中荷载、振动较大、地基承载力不均匀及地震地区的建筑物。砖拱过梁构造如图 7-17 所示。

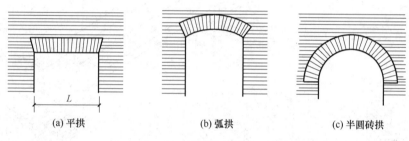

(a) 平拱   (b) 弧拱   (c) 半圆砖拱

图 7-17 砖拱过梁构造

2. 钢筋砖过梁

钢筋砖过梁是在砖缝里配置钢筋，形成可以承受荷载的加筋砖砌体。它又叫平砌砖过梁，高度不小于五皮砖，且不小于门窗洞口宽度的 1/3，砂浆标号不低于 M5，砖标号不小于 MU10，过梁下铺 20～30mm 厚的砂浆层，砂浆内按每半砖墙厚设一根直径不小于 5mm 的钢筋，钢筋两端伸入墙各 240mm，再向上弯起 60mm。钢筋砖过梁施工方便，整体性较好，适用于跨度不大于 2m，上部无集中荷载或墙身为清水墙时的洞口上。钢筋砖过梁构造如图 7-18 所示。

钢筋砖过梁.mp4

3. 钢筋混凝土过梁

由于钢筋混凝土过梁具有坚固耐久，并可预制装配，加快施工进度等优点，故目前普遍采用钢筋混凝土过梁，过梁高度为 60mm 的倍数，过梁宽度与墙厚相同。常用过梁高度为 60mm、120mm、180mm，过梁的长度为洞口宽度加 500mm，即每端伸入墙内 250mm。

钢筋混凝土过梁的常用断面形式：矩形和 L 形。矩形多用于内墙和混水墙(对墙面要进行抹灰装修)，L 形多用于外清水墙。在寒冷地区为避免出现热桥和凝结水，常采用 L 形，减少钢筋混凝土外露面积，混凝土过梁构造如图 7-19 所示。

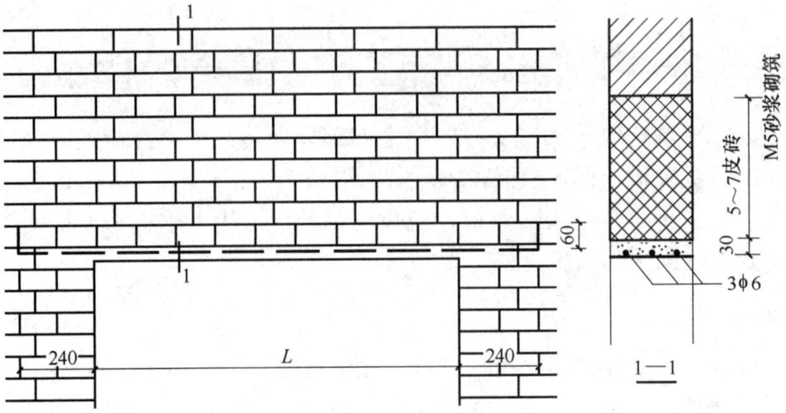

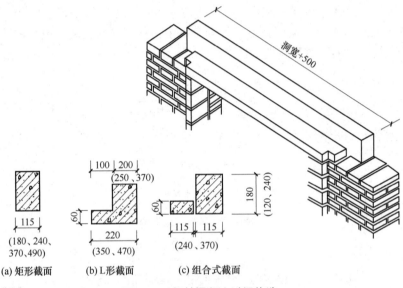

图 7-18　钢筋砖过梁

(a) 矩形截面　　　(b) L形截面　　　(c) 组合式截面

图 7-19　钢筋混凝土过梁构造

7.4.7　变形缝

变形缝可分为伸缩缝、沉降缝、防震缝三种。

1. 伸缩缝

建筑构件因温度和湿度等因素的变化会产生胀缩变形。为此，通常在建筑物适当的部位设置竖缝，自基础以上将房屋的墙体、楼板层、屋顶等构件断开，将建筑物分离成几个独立的部分，使各部分都有伸缩的余地，伸缩缝在地面以下的结构可不断开。变形主要是因温度变化引起的，所以伸缩缝又称温度缝。建筑物上设置单个伸缩缝的最大间距，应根据建筑材料、结构形式、使用情况、施工条件以及当地气温和湿度变化等因素确定。

伸缩缝的构造，必须满足建筑结构沿水平方向变形的要求。外墙上的伸缩缝，为防止风雨侵入室内，要求用有弹性的、憎水的、不易被挤出的材料填嵌缝隙。常用的材料有沥青麻丝、浸沥青木丝板、氯丁橡胶、泡沫塑料等。缝口还须用镀锌铁皮、铝板或塑料板等做盖缝处理。内墙伸缩缝的处理，随室内装修不同而异，可选用木条、木板、塑料板、金属板等盖缝。楼层地面伸缩缝，可在缝口填嵌沥青麻丝等，上铺活动盖板或橡皮条等，以防灰尘落至下一楼层。屋顶的伸缩缝，则用镀锌铁皮、铝板或预制钢筋混凝土板等做盖缝处理，着重做好防水。

地下建筑、地下室等处的伸缩缝，出于防水要求，常在防水结构层的外侧或底部加铺玻璃布油毡、橡胶片、镀锌铁皮、紫铜片，以及采用内埋式或可卸式止水带(如橡胶、塑料、金属等)，并用沥青砂浆、沥青麻丝或浸沥青木丝板等填嵌缝隙。在现浇整体式钢筋混凝土建筑中，由于混凝土在浇灌后的一段时间内有较大的收缩变形，以后才趋于稳定，可利用这一特性，将沿钢筋混凝土结构的长向分成几段，中间留缝，待第一期工程施工 1~2 个月后，再浇灌合缝。这种只在施工期间保留的临时性温度收缩缝，称为后浇缝，或称收缩带。后浇缝的宽度一般为 50~100 厘米，缝的间距约为 20~25 米，并尽量和施工时的接缝结合设置；缝的填充材料，可用掺铝粉的混凝土。

2. 沉降缝

当一幢建筑物建造在不同土质且性质差别较大的地基上，或建筑物相邻部分的高度、荷载和结构形式差别较大，以及相邻墙体基础埋深相差悬殊时，为防止建筑物出现不均匀沉降，以至发生错动开裂，应在差异处设置贯通的垂直缝隙，将建筑物划分若干个可以自由沉降的独立单元。沉降缝与伸缩缝的显著区别在于沉降缝是从建筑物基础到屋顶全部贯通。沉降缝的宽度不宜小于 120mm，并应考虑缝两侧结构非均匀沉降倾斜和地面高差的影响。沉降缝的构造与伸缩缝基本相同，但盖缝的做法，必须保证相邻两个独立单元能自由沉降。沉降缝同时起着伸缩缝的作用，在同一个建筑物内，两者可合并设置，但伸缩缝不能代替沉降缝。在钢筋混凝土框架结构中的沉降缝通常采用双柱悬挑梁或简支梁做法。在地震区，凡设置伸缩缝或沉降缝的，都应根据地震要求增加缝的宽度，防止在地震时两墙由于振幅不同而相撞。

3. 防震缝

防震缝是设置在建筑中层数、质量、刚度差异过大等而可能在地震时引起应力或变形集中造成破坏的部位的竖向缝。防震缝应在地面以上设置。防震缝的宽度应根据设防烈度和房屋高度确定，对多层房屋可采用 50~100mm，对高层房屋可采用 100~150mm。钢结构防震缝的宽度不应小于相应混凝土房屋缝宽的 1.5 倍。

抗震缝、伸缩缝在地面以下可不设缝，连接处应加强。但沉降缝两侧墙体基础一定要分开。另外，还有墙体控制缝及屋盖分割缝，均需用弹性密封材料填嵌或防护。

7.5 隔 墙

7.5.1 隔断墙的作用和特点

隔墙是分隔室内空间的非承重构件。在现代建筑中，为了提高平面布局的灵活性，大量采用隔墙以适应建筑功能的变化。由于隔墙不承受任何外来荷载，且本身的重量还要由

楼板或小梁来承受，因此应符合以下要求。

(1) 自重轻，有利于减轻楼板的荷载。

(2) 厚度薄，增加建筑的有效空间。

(3) 便于拆卸，能随使用要求的改变而变化。

(4) 有一定的隔音能力，使各使用房间互不干扰。

(5) 满足不同使用部位的要求，如卫生间的隔墙要求防水、防潮，厨房的隔墙要求防潮、防火等。

音频.隔墙的分类.mp3

(6) 灵活性强。为了适应房间分隔可以变化的要求，隔墙应拆装方便。在高级建筑中，常在顶棚和地面预留金属连接件，以便按照不同的要求，变更其位置。

(7) 施工方便。尽量减少湿作业，提高效率，降低造价。

7.5.2 隔墙的常用做法

隔墙的类型很多，按其构成方式可分为块材隔墙、轻骨架隔墙和板材隔墙三大类。

1. 块材隔墙

块材隔墙采用普通砖、空心砖、加气混凝土砌块等块材砌筑而成。目前的新建建筑普遍采用钢筋混凝土结构(框架结构、剪力墙结构以及框架—剪力墙结构等)，其隔墙(填充墙)通常以烧结空心砖或加气混凝土砌块为主要材料，而将普通砖用在墙体的局部位置。

1) 半砖隔墙

半砖隔墙用普通砖顺砌，砌筑砂浆宜大于 M2.5。当墙体高度超过 5m 时应加固，一般沿墙高每隔 500mm 砌入 2ϕ6 的通长钢筋，同时在隔墙顶部与楼板相接处，应用立砖斜砌一皮(俗称"滚砖")，填塞隔墙与楼板间的空隙。隔墙上有门时，要预埋铁件或将带有木楔的混凝土预制块砌入隔墙中以固定门框。半砖隔墙坚固耐久，具有一定的隔音能力，但自重大，现场湿作业多，施工麻烦且不易拆除，常用在过去的砖混结构建筑中，目前已较少应用。

2) 砌块隔墙

为减少隔墙重量，目前常采用加气混凝土砌块、粉煤灰硅酸盐砌块、烧结页岩空心砖等轻质块材来砌筑隔墙，如图 7-20 所示。墙厚由砌块尺寸决定，一般为 90~120mm。砌块隔墙具有质轻、隔热性能好等优点，但多数砌块的吸水性强。因此，为满足墙体的防潮要求，应在墙下砌 3~5 皮吸水率较小的普通砖打底；对于有防水要求的墙体(厨房、卫生间、浴室等处)，宜在墙下浇筑不低于 150mm 的混凝土坎台。隔墙与上层梁、板相接处，应用普通砖斜砌挤紧(即"滚砖")，墙体局部无法用整砌块填满时也采用普通砖填补缺口。此外，还要对其墙身进行加固处理，构造处理的方法同普通砖隔墙。

2. 轻骨架隔墙

轻骨架隔墙由骨架和面板层两部分组成，由于先立墙筋(骨架)，再做面层，故又称为立筋式隔墙。骨架有木材和金属等，通称为龙骨或墙筋，龙骨又分为上槛、下槛、纵筋、横筋和斜撑，面板有胶合板、纤维板、石膏板等各类轻质人造板。

1) 骨架

轻钢骨架是目前常用的骨架类型。此外，还有采用工业废料、地方材料及轻金属制成的骨架，如石棉水泥骨架、浇筑石膏骨架、水泥刨花骨架、木骨架和铝合金骨架等。

轻钢骨架是由各种形式的薄壁型钢制成的。其主要优点是强度高、刚度大、自重轻、整体性好、易于加工和大批量生产，还可根据需要进行组装和拆卸。

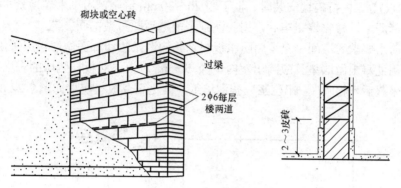

图 7-20　砌块隔墙

2) 面层

轻骨架隔墙的面层材料一般为人造板材，常用的有木质板材、石膏板、硅酸钙板、水泥平板等。隔墙名称以面层材料而定，如轻钢龙骨纸面石膏板隔墙。

木板材有胶合板和纤维板，多用于木骨架。石膏板有纸面石膏板和纤维石膏板。纸面石膏板是以建筑石膏为主要原料，掺入适量添加剂与纤维做板芯，以特制的板纸为护面，经加工制成的板材。纸面石膏板具有重量轻、隔声、隔热、加工性能强、施工方法简便的特点，是目前应用较多的隔墙面层和建筑装饰材料。

纤维石膏板是以建筑石膏粉为主要原料，以各种纤维为增强材料的一种新型建筑板材。它是继纸面石膏板取得广泛应用后又一次成功开发的新产品，具有防火、防潮、抗冲击等优点，比其他石膏板材具有更大的潜力。

人造板材在骨架上的固定方式有钉、粘、卡三种。根据不同面板和骨架材料可分别采用钉子、自攻螺钉、膨胀铆钉或金属夹子等，将面板固定在骨架上。如采用轻钢骨架时，往往用骨架上的舌片或特制的夹具将面板卡到轻钢骨架上，这种做法简便、迅速，有利于隔墙的组装和拆卸。图 7-21 所示为轻钢龙骨石膏板隔墙的构造。

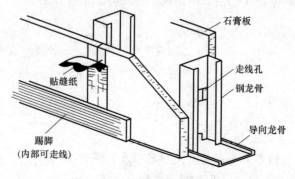

图 7-21　轻钢龙骨石膏板隔墙

3. 板材隔墙

板材隔墙是指单板高度相当于房间净高的隔墙。板材隔墙采用轻质大型板材在施工中直接拼装而成，不需安装墙体骨架，具有自重轻、安装方便、施工速度快、工业化程度高等特点。目前多采用加气混凝土条板、石膏条板、碳化石灰板、石膏珍珠岩板以及各种复合板(如泰柏板)等。板材隔墙安装时，板下留 20～30mm 缝隙，用小木楔顶紧，板下缝隙用细石混凝土堵严。板材安装完毕后，用胶泥刮平板缝后即可做饰面。

对于有防水要求的房间，应采用防水板材，其构造做法和饰面做法也应采用防水措施，如隔墙下应用混凝土做墙垫且应高出室内地面 50mm 以上。对板材隔墙的表面，一般先刮腻子，修补平整后，再喷(或刷)色浆或裱糊墙纸。碳化石灰板材隔墙如图 7-22 所示。

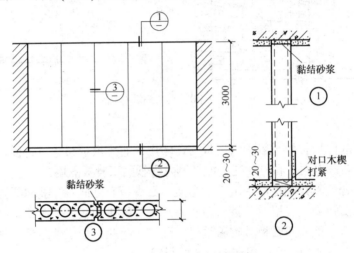

图 7-22 碳化石灰板材隔墙

 本章小结

本章主要介绍了墙体的类型和设计要求、墙体的保温隔热以及节能、墙体抗震构造、墙体细部构造和隔墙等知识。通过本章的学习，学生们能够掌握墙体的设计要求和基本构造，以及细部构造的具体设计和做法，帮助学生更好地适应以后的学习和工作。

实训练习

一、填空题

1. 一幢民用建筑，一般是由_____、_____、_____、_____、_____、_____和_____等几大部分构成的。

2. 墙体根据功能的不同要求具有足够的强度、稳定性、_____、_____、_____、防火、防水等能力以及具有一定的_____和_____。

3. 钢筋混凝土结构是指建筑物的_____均采用钢筋混凝

土制成。

4. 建筑构造设计是保证建筑物_____和_____的重要环节。

5. 为防止构件受潮受水，除应采取排水措施外，在靠近水、水蒸气和潮气一侧应设置_____、_____和_____。

6. 建筑物的结构形式有_____、_____、_____等三种。

7. 非承重墙一般分为_____、_____、_____和_____。

8. 墙体布置必须同时考虑_____和_____两方面的要求。

9. 影响墙体强度的因素很多，主要是与所采用的_____、_____及_____有关。

10. 墙体是高、长而且薄的构件，稳定性尤显重要，故解决好墙体的_____、_____是保证其稳定性的重要措施。

二、单选题

1. 我国标准实心黏土砖的规格是(   )。
   A. 60×115×240
   B. 53×115×240
   C. 53×120×240
   D. 60×120×240

2. 一般需要较大房间如办公楼、教学楼等公共建筑多采用以下哪种墙体结构布置?(   )
   A. 横墙承重
   B. 纵墙承重
   C. 混合承重
   D. 部分框架结构

3. 墙体的稳定性与墙的(   )有关。
   A. 高度、长度和宽度
   B. 高度、强度
   C. 平面尺寸、高度
   D. 材料强度、砂浆标号

4. 建筑物的构造组成由(   )部分组成。
   A. 六大部分
   B. 五大部分
   C. 七大部分
   D. 四大部分

5. 墙是建筑物的(   )构件。
   A. 承重构件
   B. 承重和维护构件
   C. 围护构件
   D. 保温和隔热构件

6. 防火墙的最大间距应根据建筑物的(   )而定。
   A. 材料
   B. 耐火性质
   C. 防火要求
   D. 耐火等级

7. 耐火等级为一、二级的建筑，其防火墙的最大间距为(   )。
   A. 200m
   B. 150m
   C. 75m
   D. 50m

8. 对有保温要求的墙体，需提高其构件的(   )。
   A. 热阻
   B. 厚度
   C. 密实性
   D. 材料导热系数

三、简答题

1. 按受力状况分，墙体可分为哪几种类型?

2. 圈梁的数量和位置与什么有关?

3. 墙体的细部构造包括什么?

第7章课后答案.docx

实训工作单

班级		姓名		日期	
教学项目		墙体设计			
任务	1. 了解墙体的分类和设计要求 2. 掌握墙体的具体构造设计		方式	参观已建成的建筑	
相关知识			建筑墙体设计构造		
其他要求					

墙体参观记录

评语				指导老师	

第8章 楼 梯

【教学目标】

- 了解楼梯的组成和类型。
- 掌握楼梯的尺寸设计。
- 熟悉台阶与坡道的组成。

【教学要求】

第8章 楼梯.pptx

本章要点	掌握层次	相关知识点
楼梯的组成和类型	1. 楼梯的组成 2. 楼梯的类型和设计要求	楼梯组成
楼梯的尺寸	1. 踏步 2. 梯井 3. 栏杆和扶手	楼梯的尺寸
台阶与坡道的组成	1. 台阶的组成和尺度 2. 台阶的构造 3. 坡道的构造	台阶与坡道

【案例导入】

　　楼梯，就是能让人顺利地上下两个空间的通道。楼梯是建筑中"上"和"下"之间的一个连接，但不仅仅如此，在这个上与下之间，重要的是安全、便捷。

　　已知某住宅为6层砖混结构，层高2.8m，室内外高差为600mm。楼梯间开间2.7m，进深5.4m，墙体均为240mm厚砖墙，轴线居中，底层中间平台下设有住宅出入口，住宅楼梯间首层平面示意图如图8-1所示。该住宅楼完工不久之后，发现楼梯向南倾斜，经检查，楼梯南侧基础没有和北侧的住宅基础一起做地基，以致完工之后，楼梯两侧的墙体受到压力致使楼梯向南倾斜。若继续发生倾斜，楼梯与墙体都将发生开裂现象。

【问题导入】

　　请结合本章内容，分析如何让楼梯在生活使用过程中更加安全，楼梯的尺寸设计应该注意哪些事项？

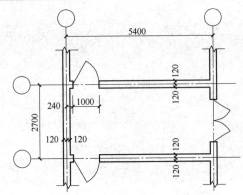

图 8-1 住宅楼梯间首层平面示意图

8.1 楼梯的组成和类型

建筑物各个不同楼层之间的联系，需要有垂直交通设施，该项设施有楼梯、电梯、自动扶梯、台阶、坡道以及爬梯等。

楼梯作为垂直交通和人员紧急疏散的主要交通设施，使用最为广泛。楼梯的设计要求是：坚固、耐久、安全、防火；做到上下通行方便，能搬运必要的家具物品，有足够的通行和疏散能力。另外，楼梯还应美观。当楼梯坡度大于 45°时，称爬梯，爬梯主要用于屋面及设备检修。

8.1.1 楼梯的组成

楼梯一般由梯段、楼梯平台、栏杆扶手三部分组成，如图 8-2 所示。

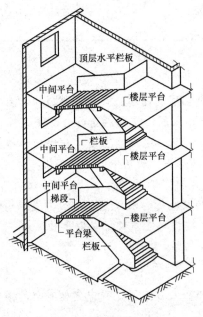

图 8-2 楼梯的组成

楼梯的组成.mp4

单跑楼梯.docx

1. 梯段

梯段又称梯跑，是联系两个不同标高平台的倾斜构件，通常为板式梯段，也可以由踏步板和梯斜梁组成梁板式梯段。为了减轻行走的疲劳，梯段的踏步步数一般不宜超过18级，但也不宜少于3级，因为步数太少不易为人们察觉，容易摔倒。

2. 楼梯平台

按平台所处的位置和标高不同，有中间平台和楼层平台之分。两楼层之间的平台称为中间平台，用来供人们行走时调节体力和改变行进方向。而与楼层地面标高齐平的平台称为楼层平台，除起着与中间平台相同的作用外，还用来分配从楼梯到达各楼层的人流。

3. 栏杆扶手

栏杆扶手是设在梯段及平台边缘的安全保护构件。当梯段宽度不大时，可只在梯段临空面设置。当梯段宽度较大时，非临空面也应加设靠墙扶手。当梯段宽度很大时，则需在梯段中间加设中间扶手。

楼梯作为建筑空间竖向联系的主要部件，其位置应明显，起到提示引导人流的作用，并要充分考虑其造型美观、人流通行顺畅、行走舒适、结构坚固、防火安全，同时还应满足施工和经济条件的要求。因此，需要合理地选择楼梯的形式、坡度、材料构造做法，精心地处理好其细部构造。

8.1.2 楼梯的类型和设计要求

1. 楼梯的类型

在一般建筑物中，最常见的楼梯形式是双跑楼梯，即双梯段的并列式楼梯。此外，根据建筑的平面功能要求和室内设计的美观需要，楼梯平面类型还有最简单的直跑楼梯、人流量较大时采用的剪刀式楼梯、用于公共建筑门厅的双分式折角楼梯或双合式平行楼梯、造型活泼优美的弧形楼梯和螺旋楼梯等，如图8-3所示。

音频.楼梯的类型.mp3

另外，楼梯按结构材料不同又可分为：钢筋混凝土楼梯、钢楼梯、木楼梯、混合材料楼梯等。其中钢筋混凝土楼梯因其坚固、耐久、防火，应用比较普遍。

按使用性质分，楼梯有主要楼梯、辅助楼梯、疏散楼梯、消防楼梯等。主要楼梯一般布置在建筑门厅内明显的位置，与主要出入口紧密相连。辅助楼梯设置在建筑的次要出入口或建筑适当的位置。疏散楼梯是发生火灾时，电梯停止使用的紧急情况下最主要的竖向安全疏散通道，如图8-4所示。

单跑楼梯.docx

双跑楼梯.docx

双分平行楼梯.mp4

双跑楼梯.mp4

剪刀楼梯.mp4

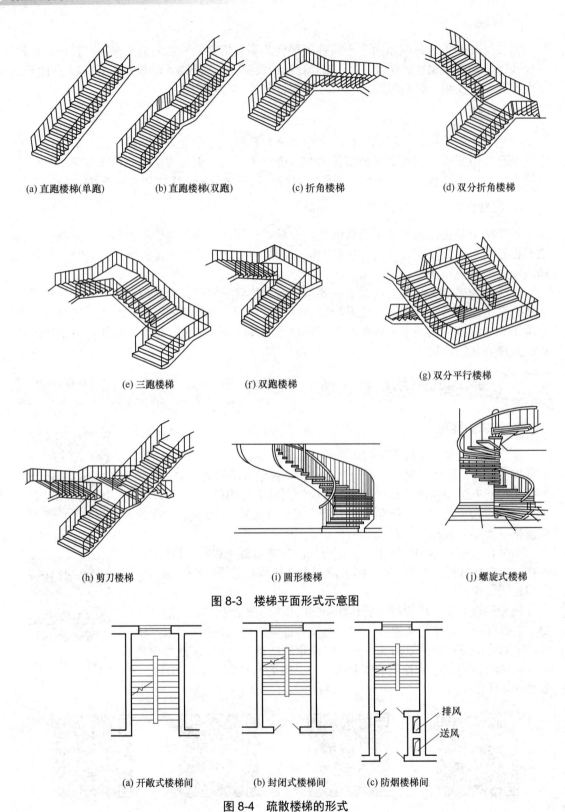

(a) 直跑楼梯(单跑)　　　(b) 直跑楼梯(双跑)　　　(c) 折角楼梯　　　(d) 双分折角楼梯

(e) 三跑楼梯　　　(f) 双跑楼梯　　　(g) 双分平行楼梯

(h) 剪刀楼梯　　　(i) 圆形楼梯　　　(j) 螺旋式楼梯

图 8-3　楼梯平面形式示意图

(a) 开敞式楼梯间　　　(b) 封闭式楼梯间　　　(c) 防烟楼梯间

排风

送风

图 8-4　疏散楼梯的形式

2. 楼梯的设计要求

楼梯的设计必须满足以下几方面的要求。

1) 楼梯的布置

楼梯的平面形式、数量及其布置位置应符合设计规范的规定。保证满足使用功能，让人流通行顺畅，行走舒适。主要楼梯要求位置明显，与建筑的主要出入口紧密相连，楼梯间内必须有良好的自然采光。

2) 楼梯应有足够的承载能力

楼梯属承重结构，主要承受自重和使用中产生的活荷载，应具有足够的强度、刚度及稳定性。选择楼梯结构形式，应根据楼梯的使用要求、材料供应、施工条件等各项因素综合考虑。保证设计方案安全、合理。

3) 造型美观要求

楼梯是建筑、装饰装修设计的重要构成部分。尤其是公共建筑的主要楼梯，楼梯的形式、栏杆的式样、细部处理都要考虑建筑环境空间的艺术效果，给人们美的感受。

8.2 楼梯的尺寸

楼梯的尺度涉及梯段尺寸、踏步尺寸、平台宽度、梯井宽度、栏杆扶手高度、净空高度等，各尺寸相互影响、相互制约，设计时应统一协调各部分尺寸，使之符合相关规范的规定。

8.2.1 踏步

踏步尺寸包括踏步宽度和踏步高度。梯段的坡度由踏步高宽比决定。踏步的高宽必须根据人流行走的舒适性、安全性和楼梯间的尺度等因素进行综合权衡。常用的坡度为 $1:2$ 左右。设计中可参考如下经验公式计算踏步宽度和高度，如表 8-1 所示。

表 8-1 常用踏步参考尺寸数据表 (mm)

建筑类型	住宅	学校、办公楼	幼儿园	医院(病人用)	剧院、食堂
踏步高(h)	150~175	140~160	120~150	120~150	120~150
踏步宽(b)	260~300	280~340	260~300	300~350	300~350

$b+2h=600~620$mm 或 $b+h=450$mm 式中，b 为踏步宽度(水平投影宽度)，以 300mm 左右为宜，不宜窄于 260mm；h 为踏步高度，成人以 150mm 左右为宜，不应高于 175mm；600~620mm 为人的平均步幅，室内楼梯宜选用低值，室外台阶宜选用高值。

当踏步宽度过宽时，将导致梯段水平投影面积的增加；当楼梯间深度受到限制，致使踏步宽度过窄时，使人流行走不安全。为不增加梯段长度，在踏步宽度一定的情况下增加行走舒适度，常将踏步挑出 20~30mm 来增加实际踏步宽度，如图 8-5 所示。

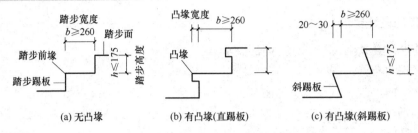

(a) 无凸塄 　　(b) 有凸塄(直踢板) 　　(c) 有凸塄(斜踢板)

图 8-5　踏步形式与尺寸示意图

8.2.2　梯井

梯井是指梯段之间形成的空隙，此空隙从顶层到底层贯通。梯井宽度应以 60~200mm 为宜，若大于 200mm，则栏杆扶手应考虑安全措施，如图 8-6 所示。小学、幼儿园等的楼梯为安全起见不宜做大梯井。

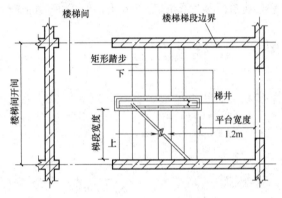

图 8-6　楼梯段、平台、梯井示意图

梯井.mp4

8.2.3　楼梯段

楼梯段的净宽度是指楼梯扶手内侧的净宽度，主要根据楼梯通行人流量及消防疏散要求确定。为确保通行安全，还应考虑建筑的类型、耐火等级、层数等各项综合因素。一般按每股人流的宽度为人的平均肩宽(550mm)再加少许提物尺寸(0~150mm)即 550+(0~150mm)。按消防要求考虑时，每个楼梯段必须保证两人同时上下，即最小宽度为 1100~1400mm，人流较多的公共建筑中应取上限值。小住宅或户内楼梯可按净宽 900mm，以满足单人携带物品通行的需要，900mm 也是梯段的最小净宽度。一般居住建筑梯段最小净宽度取 1100~1200mm，公共建筑 1400~2000mm，三股人流通行时梯段宽取 1650~2100mm，如图 8-7 所示。在工程实践中，由于楼梯间

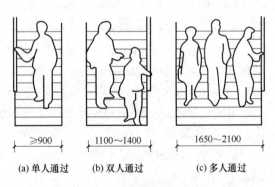

(a) 单人通过　(b) 双人通过　(c) 多人通过

图 8-7　楼梯段净宽示意图

尺寸要受建筑模数的限制，因而楼梯段的宽度往往会上下浮动。

8.2.4 楼梯栏杆和扶手

栏杆(栏板)是指设置在楼梯段及平台临空边缘的安全保护构件，实心的称栏板，漏空的称栏杆，保证人们在楼梯上行走的安全，并有倚扶之用，要可靠、坚固。栏杆、栏板上部供人们倚扶的连续构件称为扶手。栏杆扶手还有较强的装饰作用。

梯段栏杆扶手高度根据人体重心高度和楼梯坡度、楼梯的使用等因素确定。坡度陡的楼梯，扶手的高度矮一些；坡度平缓时高度可稍大。一般建筑室内楼梯扶手高度不宜小于 900mm，供儿童使用的楼梯应在 500~600mm 高度增设扶手。

栏杆(栏板).mp4

空花栏杆多用木、钢、铝合金型材、铜、铸铁等材料做成，采用焊接或铆接等加工方法做成各种图案，如图 8-8 所示。空花栏杆的特点是重量轻、强度高，易于安装维修，造型丰富，是楼梯栏杆的主要形式。空花栏杆设计时应注意儿童使用者的安全防护，空花间隙一般不宜超过 110mm，不宜使用便于儿童攀爬的花饰。

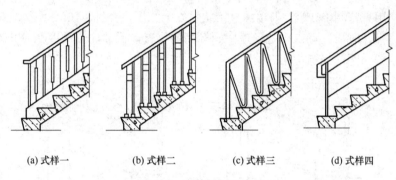

(a) 式样一　　　(b) 式样二　　　(c) 式样三　　　(d) 式样四

图 8-8　空花栏杆示意图

栏板多采用钢筋混凝土、砖砌体或钢丝网水泥板制作，也可用装饰性较好的钢化玻璃或有机玻璃镶嵌于栏杆立柱之间，后者施工简单方便，栏板洁净明亮。

8.2.5 净高尺寸

梯段的净空高度包括楼梯梯段间的净高和平台过道处的净高两部分，梯段净高不应小于 2200mm，平台过道处净高不应小于 2000mm，梯段起始步和终止步的前缘与顶部突出物内边缘的水平距离不应小于 300mm，如图 8-9 所示。

当采用楼梯间作为出入口时，为解决平台梁下的净空高度，一般采用以下四种方式。

(1) 在底层作长短跑梯段。起步第一跑为长跑，以提高中间平台标高，如图 8-10(a) 所示。

(2) 降低底层中间平台下地坪标高，如图 8-10(b)所示。但降低后的中间平台下的地坪标高仍应比室外地坪高，以免雨水内溢；移至室内的台阶前缘线与顶部平台梁的内缘线之间的水平距离不应小于 500mm，这种处理方式可保持等跑梯段，使构件统一。但中间平台

下地坪标高的降低，常依靠底层室内地坪±0.000 标高绝对值的提高来实现，可能增加填埋土方量。

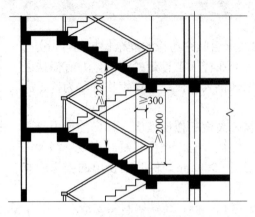

图 8-9　楼梯净空高度

净高尺寸.mp4

　　(3)　综合以上两种方式，在采取长短跑梯段的同时，又降低底层中间平台下地坪标高，如图 8-10(c)所示。这种处理方式可兼有前两种方式的优点。

　　(4)　底层用直跑(单跑或双跑)楼梯直接从室外上二层，如图 8-10(d)所示。这种方式常用于住宅建筑，设计时需注意入口处雨篷底面标高的位置，保证净空高度在 2000mm 以上要求，还应注意楼梯间的保温与防冻。

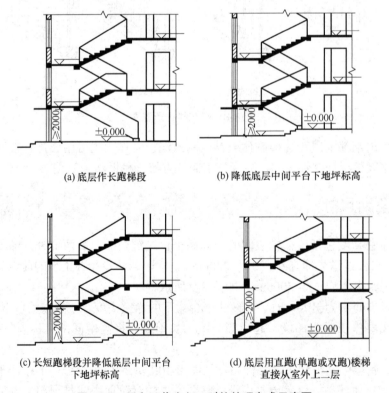

(a) 底层作长跑梯段　　　　　　(b) 降低底层中间平台下地坪标高

(c) 长短跑梯段并降低底层中间平台　　　(d) 底层用直跑(单跑或双跑)楼梯
下地坪标高　　　　　　　　　直接从室外上二层

图 8-10　平台下作出入口时的处理方式示意图

休息平台

由于在楼梯平台处改变行进方向，因此，平台的净宽度不得小于梯段的净宽度并应大于 1200mm，以确保通过楼梯段的人流和货物也能顺利地在楼梯平台上通过，避免发生拥挤堵塞。当有搬运大型物件需要时应再适量加宽，如图 8-11 所示。

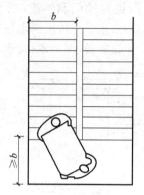

图 8-11　特殊需要需适当加宽的情况

8.3　台阶与坡道

台阶和坡道均为建筑物连接不同标高地面的构件，前者供行人通行使用，后者主要为残障人士和车辆通行服务，两者根据使用要求的不同在构造上有所区别。部分大型公共建筑的出入口，常把台阶与坡道合并成为一个构件，让行人和车辆各行其道，如图 8-12 所示。台阶和坡道在建筑物入口处与其他构件一起，对建筑的立面具有一定的装饰作用，因而设计时既要考虑实用，又要注意美观。

音频.台阶与坡道的形式.mp3

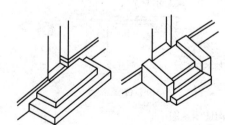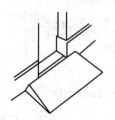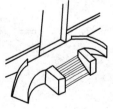

图 8-12　台阶与坡道

8.3.1 台阶组成和尺度

台阶由踏步和平台组成，连接着不同高度的地面。台阶有单面踏步、两面踏步、三面踏步或将踏步与花池相连等，如图 8-13 所示。

台阶分为室外台阶和室内台阶。公共建筑室内外台阶踏步宽度不宜小于 300mm，踏步

高度不宜大于 150mm，并不宜小于 100mm，高宽比一般不应大于 1∶2.5，步数根据室内外高差确定，踏步应防滑。室内台阶踏步数不应小于 2 级，当高差不足 2 级时，应按坡道设置。人流密集的场所台阶高度超过 700mm 且侧面凌空时应有防护设施。

台阶.docx

在室外台阶与建筑出入口大门之间，常设一缓冲平台，作为室内外空间的过渡。平台的宽度应大于所连通的门洞宽度，一般至少每边宽 500mm，平台深度一般不应小于 1000mm，为防止雨水积聚或溢入室内，平台宜比室内地面低 20～60mm，并向外做 1%～4%排水坡度以利于雨水排除。

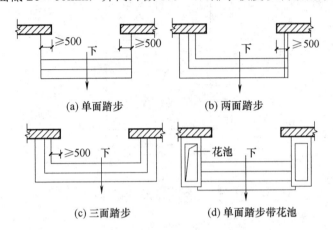

(a) 单面踏步　　　　　　　　(b) 两面踏步

(c) 三面踏步　　　　　　　　(d) 单面踏步带花池

图 8-13　台阶的形式

8.3.2　台阶构造

台阶构造由面层、结构层和基层构成，如图 8-14 所示。

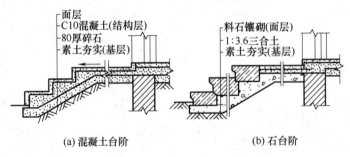

(a) 混凝土台阶　　　　　　　　(b) 石台阶

图 8-14　台阶构造示意图

1. 面层

室外台阶属于露天构件，是人们进出建筑物的必由之路。其面层直接承受日晒雨淋和冰霜侵蚀，应选用耐候性好、坚固耐磨、易于清扫的材料，常用的有水泥砂浆、水磨石、缸砖以及天然石板等，其做法与相应材料楼地面做法一致。应注意的是，台阶不宜采用光滑面层，使用时必须采取防滑措施。

2. 结构层

结构层承受作用在台阶上的荷载，应采用混凝土、钢筋混凝土、天然石材等抗冻、抗水性能好且质地坚实的材料。

3. 基层

台阶基层是为结构层提供良好均匀的持力地基。由于在主体结构施工时，台阶地基多数已受扰动，一般要挖去扰动层，再回填土，上面做一垫层即可。

为防止台阶与建筑物主体沉降不同而出现裂缝，处理方法有两种。

(1) 把台阶基础和建筑主体基础做成一体，使二者一起沉降，这种情况多用于室内台阶或位于门洞内的台阶。

(2) 台阶与建筑主体结构之间设置沉降缝，待主体结构沉降趋于稳定后，再做台阶，同时加强节点处理。

8.3.3 坡道构造

坡道多用于有大量集中人流疏散或车辆通行的建筑，如大型公共建筑、宾馆、车库等；一些有特殊要求的建筑，如医院、幼儿园、工业建筑的车间大门等；另外，有残疾人轮椅车通行的建筑出入口处，应在有台阶的地方增设坡道，以方便出入。坡道的特点是省力，适用性强，但占用面积多，一般民用建筑主要用于高差较小时的联系，如图 8-15(a)所示。大型公共建筑，为考虑车辆能在出入口处通行，常采用台阶与坡道相结合的形式，如正面做台阶，两侧做坡道，如图 8-15(b)所示。

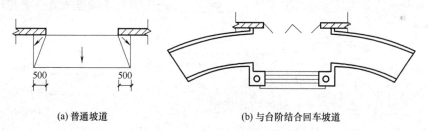

(a) 普通坡道   (b) 与台阶结合回车坡道

图 8-15 坡道形式示意图

坡道常用坡度为 1∶12～1∶6 之间，室内坡道不宜大于 1∶8，室外坡道不宜大于 1∶10，坡度大于 1∶8 者须有防滑措施，一般可将坡道面层做成锯齿形或设防滑条，如图 8-16 所示。

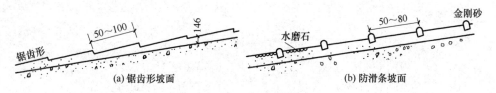

(a) 锯齿形坡面   (b) 防滑条坡面

图 8-16 坡道防滑措施示意图

坡道也是由面层、结构层和基层组成，设计要求及材料性能与台阶相同。面层以水泥砂浆和天然石材居多，基层也应考虑不均匀沉降和冻胀土的影响，如图 8-17 所示。

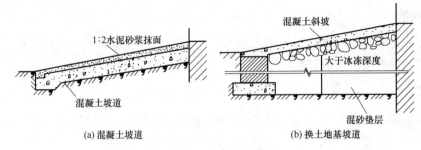

(a) 混凝土坡道　　　　　　　　(b) 换土地基坡道

图 8-17　坡道构造组成示意图

本章小结

　　本章主要介绍了楼梯的组成和类型、楼梯的尺寸以及台阶与坡道。楼梯尺寸包括踏步、梯井、楼梯段、栏杆和扶手、休息平台和净高尺寸等；台阶与坡道包括台阶的组成和尺度以及台阶和坡道的构成。通过本章的学习，学生们能够掌楼梯的基本构造做法，帮助学生更好地适应以后的学习和工作。

实训练习

一、填空题

1. 自行车推行坡道宽度不宜小于_____mm，自行车坡道长度不宜超过_____mm。

2. 自行车坡道坡度不宜大于_____。

3. 公共建筑中，疏散走道和楼梯的最小宽度不应小于_____mm。

4. 公共建筑的疏散楼梯两梯之间的水平净距不宜小于_____mm。

5. 单元式住宅每个单元的疏散楼梯均因通到屋顶，_____以上需设封闭楼梯间。

6. 建筑物的室外楼梯可做辅助防烟楼梯，其净宽不应小于_____mm。

7. _____的单元式住宅和通廊式住宅应设消防电梯。

8. 消防电梯间前室宜靠外墙设置，在首层应设直通室外的出口或经过长度不超过_____m 的通道通向室外。

二、单选题

1. 公共建筑楼梯踏步宽与高的尺寸(mm)应符合(　　)。

    A.（≥280）×（≤160）　　　　　　B.（≥280）×（≥160）

    C.（≤280）×（≤160）　　　　　　D.（≤280）×（≥160）

2. 室外坡度的坡道范围，为(　　)较合适。

    A. 1/3～1/2　　　　　　　　　　B. 1/5～1/4

    C. 1/8～1/5　　　　　　　　　　D. 1/12～1/8

3. 楼梯栏杆扶手高度是由(   )垂直距离为 900mm。

    A. 楼梯踏步中点到扶手   B. 楼梯踏步前缘到扶手

    C. 楼梯踏步任意点到扶手   D. 楼梯踏步 1/3 处到扶手

4. 楼梯踏步的坡度在下列(   )组较合适。

    Ⅰ. 15°   Ⅱ. 30°   Ⅲ. 50°   Ⅳ. 60°   Ⅴ. 70°   Ⅵ. 40°

    A. Ⅰ、Ⅱ   B. Ⅲ、Ⅳ   C. Ⅴ、Ⅵ   D. Ⅱ、Ⅵ

5. 楼梯踏步的计算公式常为: (   )。其中 h 为踏步高, b 为踏步宽。

    Ⅰ. $h+b = 600mm$ Ⅱ. $2h+b = 600mm$ Ⅲ. $h+b = 450mm$ Ⅳ. $2h+b = 450mm$

    A. Ⅰ、Ⅱ   B. Ⅱ、Ⅲ   C. Ⅲ、Ⅳ   D. Ⅰ、Ⅳ

三、简答题

1. 简述楼梯由哪几部分组成。

2. 楼梯的设计必须满足哪些方面的要求?

3. 简述台阶由哪些部分组成。

第 8 章课后答案.docx

实训工作单

班级		姓名		日期	
教学项目		楼梯			
任务	掌握楼梯的组成和类型以及设计尺寸		方式	现场参观记录、认知	
相关知识			建筑设计、施工技术、构造做法		
其他要求					
现场参观记录					
评语				指导老师	

第9章 楼 地 面

第9章 楼地面.pptx

【教学目标】

- 掌握楼板的类型、组成和常见楼板的构造特点及适用范围。
- 掌握楼地面的组成和要求。

【教学要求】

本章要点	掌握层次	相关知识点
楼板的类型、组成以及要求	1.了解楼地面的构造组成 2.了解楼地面的设计要求	楼板的种类
钢筋混凝土楼板构造	1.了解现浇钢筋混凝土楼板 2.预制钢筋混凝土楼板的构造	钢筋混凝土楼板
阳台、雨篷的类型、结构特点以及排水方式	1.了解阳台雨篷的类型 2.了解阳台雨篷的排水方式	阳台雨篷的构造

【案例导入】

　　某办公楼案例：建筑物多处出现裂缝，楼地面裂缝主要有以下几种情况：①裂缝沿预制板板缝方向的通长裂缝，有的甚至上下贯通，如果地面有水就会向下渗漏；②裂缝顺预制楼板搁置方向，如大梁上及门窗洞口；③裂缝呈不规则形状，且严重起鼓；④裂缝呈不规则形状，但无起鼓或起鼓面积很小。

【问题导入】

　　请结合本章内容的学习，分析如何防止楼地面裂缝的产生。

9.1　楼地面的构造组成及设计要求

　　楼地面包括楼层地面与底层地面，是分隔建筑空间的水平承重构件。它一方面承受着楼板上的全部活荷载和恒荷载，并把这些荷载合理有序地传给墙或柱；另一方面对墙体起着水平支撑作用，以减少风力和地震产生的水平力对墙体的影响，加强建筑物的整体刚度；此外，还具备一定的隔声、

音频.楼地面的组成和设计要求.mp3

防火、防水、防潮和保温等能力。

9.1.1 楼地面的构造组成

底层地面的基本构造层次宜为面层、垫层和地基；楼层地面的基本构造层次宜为面层、填充层和楼板。当底层地面和楼层地面的基本构造层次不能满足使用或构造要求时，可增设结合层、隔离层、填充层、找平层等其他构造层次，如图9-1所示。

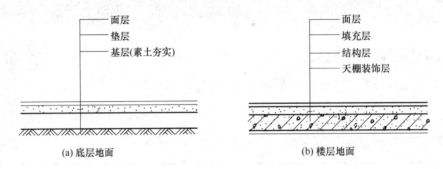

图 9-1　楼地面的构造层次示意图

(1) 面层建筑地面直接承受各种物理和化学作用的表面层。

(2) 结合面层与其下面构造层之间的连接层。

(3) 找平层在垫层或楼板面上进行抹平找坡的构造层。

(4) 隔离层防止建筑地面上各种液体或地下水、潮气透过地面的构造层。

(5) 防潮层防止建筑地基或楼层地面下潮气透过地面的构造层。

(6) 填充层在钢筋混凝土楼板上设置起隔声、保温、找坡或暗敷管线等作用的构造层。

(7) 垫层在建筑地基上设置承受并传递上部荷载的构造层。

9.1.2 楼地面的设计要求

楼板层的设计应满足建筑的使用、结构、施工以及经济等多方面的要求。

1. 结构要求

楼板的结构要求是指楼板应具有足够的强度和刚度才能保证楼板的安全和正常使用。足够的强度是指楼板能够承受使用荷载和自重。足够的刚度是指楼板的变形应在允许的范围内。

2. 隔声要求

为了防止噪声通过楼板传到上下相邻的房间，产生相互干扰，楼板层应具有一定的隔音能力。噪声根据传播途径分为两大类。

① 空气声，即通过空气传播的声音，如说话声、音乐声、汽车噪声、航空噪声等。

② 固体声(也称撞击声)，即通过建筑结构传播的由机械振动和物体撞击等引起的声音，如脚步声、物体撞击声等。

对于空气声和固体声的控制方法是有区别的，且有各自的隔声标准，如表9-1和表9-2

所示。

表 9-1 住宅建筑的空气声隔声标准

围护结构部位	计权隔声量(dB)		
	一 级	二 级	三 级
分户墙及楼板	≥50	≥45	≥40

表 9-2 住宅建筑的撞击声隔声标准

楼板部位	计权标准化撞击声压级(dB)		
	一 级	二 级	三 级
分户层间楼板	≤65	≤75	

改善和提高楼板隔绝撞击声性能的措施主要有以下三种。

(1) 在楼板表面铺设弹性面层。如地毯、塑料橡胶布、橡胶板、软木地面等，以减弱振动源撞击楼板引起的振动，从而提高隔绝撞击声的性能，如图 9-2 所示。

(2) 在楼板面层和承重结构层之间设置弹性垫层。采用片状、条状或块状的弹性垫层，将其放在面层或复合楼板的龙骨下面。常用的材料有矿棉毡(板)、玻璃棉毡、橡胶板等，如图 9-3 所示。

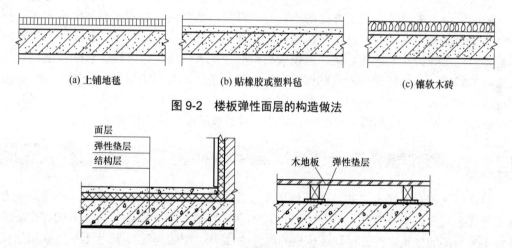

(a) 上铺地毯　　　　　(b) 贴橡胶或塑料毡　　　　　(c) 镶软木砖

图 9-2　楼板弹性面层的构造做法

图 9-3　楼板弹性垫层的构造做法

(3) 在楼板下部设置弹性吊顶。通过弹性吊钩减弱楼板向接收空间辐射空气声，可以取得一定的隔声效果，对隔声要求高的房间，还可在吊顶上铺设吸声材料加强隔声效果，如图 9-4 所示。

上述三种措施各有其特点，可以根据不同的隔声要求和实际情况选用一种或几种隔声措施。

3. 其他要求

建筑物的耐火等级对构件的耐火极限和燃烧性能有一定的要求，楼板层应根据建筑物的耐火等级和防火要求进行设计。

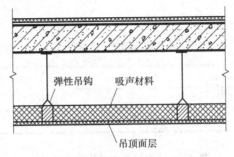

图 9-4　楼板弹性吊顶的构造做法

对于有建筑节能要求以及一些对温、湿度要求较高的房间，楼板层还应满足热工要求，通常在楼板层中设置保温层，使楼面的温度与室内温度一致，减少通过楼板的冷热损失。此外，对于厨房、厕所、卫生间等地面潮湿、易积水的房间，还应处理好楼板层的防渗漏问题。

最后，楼板层造价占土建造价的比例较高，应注意结合建筑的质量标准、使用要求以及施工条件，选择经济合理的结构形式和构造方案，并为工业化创造条件，加快建设速度。

9.2　钢筋混凝土楼板构造

钢筋混凝土楼板按其施工方法的不同，可以分为现浇式、装配式和装配整体式三种。现浇式钢筋混凝土楼板的整体性好，刚度大，利于梁板布置灵活，能适应各种不规则形状和需要留孔洞等特殊要求的建筑，但模板材料的消耗大，施工速度慢。装配式钢筋混凝土楼板能节省模板，并能改善构建制作时工人的劳动条件，有利于提高劳动生产率和加快施工进度，但楼板的整体性较差，房屋的刚度也不如现浇式的房屋刚度好。一些房屋为了节省模板，加快施工进度和增强楼板的整体性，常做成装配整体式楼板。

9.2.1　现浇钢筋混凝土楼板

现浇钢筋混凝土楼板是在施工现场依照设计位置进行支模、绑扎钢筋、浇注混凝土等施工程序而成形的楼板结构。其优点是结构的整体性能与刚度较好，适合于抗震设防及整体性要求较高的建筑，有管道穿过楼板的房间(如厨房、卫生间等)、形状不规则或房间尺度不符合模数要求的房间。其缺点是在现场施工、工序繁多，现浇混凝土需要养护、施工工期长，还要大量使用模板等。

现浇混凝土楼板.docx

音频.钢筋混凝土楼板分类.mp3

现浇整体试钢筋混凝土楼板.mp4

现浇钢筋混凝土楼板是在施工现场依照设计位置进行支模、绑扎钢筋、浇筑混凝土等施工程序而成形的楼板结构。其优点是结构的整体性能与刚度较好，适用于抗震设防及整体性要求较高的建筑，有管道穿过楼板的房间(如厨房、卫生间等)、形状不规则或房间尺度不符合模数要求的房间。其缺点是在现场施工、工序繁多，现浇混凝土需要养护、施工工期长，还要大量使用模板等。

现浇钢筋混凝土楼板根据受力和传力情况的不同，有板式楼板、梁板式楼板、无梁楼板和压型钢板组合楼板等几种。

1. 板式楼板

在开间或进深较小的情况下，依墙作垂直支撑的房屋中，不需设梁，而将楼板的支撑点直接放在墙上，此时楼板上的荷载直接靠楼板传给墙体，这样的楼板称为板式楼板。它多适用于跨度较小的房间或走廊，如住宅建筑中的厨房、卫生间等，如图9-5所示。

板式楼板分单向板和双向板。当板四边支撑时，在板的受力和传力过程中，板的长边尺寸 L_2 与短边尺寸 L_1 比例对板受力影响较大。当 $L_2/L_1 > 2$ 时在荷载作用下，板基本上只在 L_1 方向上挠曲，而在 L_2 方向上挠曲很小，如图9-5(a)所示由实验可知，传给 L_2 的力仅为 L_1 的1/8左右，这表明荷载主要沿 L_1 方向传递，故称单向板。当 $L_2/L_1 \leq 2$ 时，虽长、短边受力仍有区别，但两个方向都有挠曲，如图9-5(b)所示。这说明板在两个方向均传递荷载，都不可忽略不计，故称为双向板。相比而言，双向板受力更为合理，构件材料更能充分发挥作用。单向板的厚度取 $(1/35\sim1/30)L$(短边)，最小厚度70mm，双向板厚度取 $(1/45\sim1/40)L$(短边)，最小厚度80mm，民用建筑中板厚常用80~100mm。

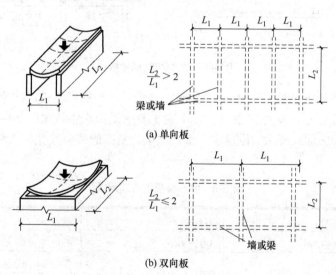

(a) 单向板

(b) 双向板

图9-5 板式楼板的受力、传力方式

2. 梁板式楼板

当房间的尺寸较大，如仍采用板承力结构，则势必要将板的厚度加大很多，钢材用量也大大增加，为使楼板结构的受力与传力更加合理，常在楼板下设梁，以减小板的跨度，使楼板上的荷载先由板传给梁，然后由梁再传给墙或柱。这样的楼板结构称为梁板式楼板，也称为肋梁楼板。

板是长度和宽度远大于厚度的结构，而梁是长度远大于宽度和高度的结构。从力学角度出发，增加梁的高度能有效地提高梁抵抗外荷载的能力。将板的局部厚度提高，便形成了梁结构，从而大大地节约了材料，减轻了结构自重，有效地利用了材料的力学性能。

梁板式楼板分为以下三种形式。

1) 单向板肋形楼板

这种楼板由板、次梁、主梁组成，如图9-6所示。

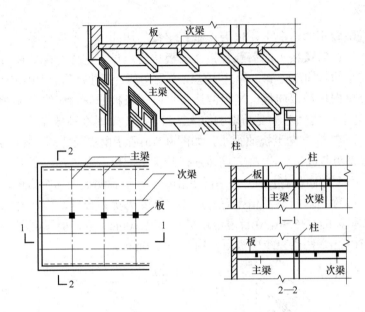

图9-6 单向板肋形楼板

在梁中板为四边支撑板，当 $L_2/L_1 \geqslant 2$ 时，即为单向板肋形楼板。次梁为承受板传来荷载的梁，一般刚度较小，支撑在主梁上。主梁主要承受由次梁传来的集中荷载，主梁支在柱或墙上，比次梁截面尺寸大、刚度大。板、次梁、主梁的截面尺寸如表9-3所示，且应按分模数取整数值。

表9-3 肋形楼板的合理尺寸

构 件	单向板	双向板	次梁	主梁
合理跨度 L	1.7～3.0m	3.0～5.0m	4.0～7.0m	6.0～12.0m
截面尺寸 (mm)	板厚 h： 简支梁 $h \geqslant (1/35)L$ 连续板 $h \geqslant (1/40)L$ 且不小于： 屋面板 60～80mm 民用楼板 60～100mm 工业用楼板 80～180mm	板厚 h： 四边简支梁厚 $h \geqslant (1/45)L$ 四边连续板厚 $h \geqslant (1/50)L$ 且不小于： 70mm($L \leqslant 3$m) 80～160mm($L > 3$m)	简支梁，梁高 $h = (1/12～1/8)L$ 多跨连续梁，梁高 $h = (1/18～1/12)L$	多跨连续梁，梁高 $h = (1/14～1/12)L$
			梁宽 $b = (1/2～1/3)h$	

注：h—板厚或梁高；b—梁宽；L—跨度。

L 为跨度，板以 10mm 进级；梁高、梁宽以 50mm 进级。

板支在墙上的搁置长度不小于 120mm；次梁支在墙上的搁置长度不小于 240mm；主梁支在墙上的搁置长度不小于 370mm。如墙厚度小，搁置长度不足，可在墙上附设壁柱。

2) 双向板肋形楼板

在梁格中的四边支撑板，当 $L_2/L_1 \leq 2$ 时，称为双向板肋形楼板。

3) 井式楼板

井式楼板是肋梁楼板的一种特殊布置形式。当房间的形状近似方形，且尺寸较大时，常沿两个方向等尺寸布置主梁和次梁，且梁的截面高度相等，分不出主次，从而形成了井式楼板结构。其梁跨常为 10～24m，板跨一般为 3m 左右。这种结构下，梁的布置规整，可以正交正放，亦可正交斜放，构成了美丽的图案，在室内形成一种自然的顶棚装饰，如图 9-7 所示。它常用在公共建筑的门厅、大厅中。

井式楼板.mp4

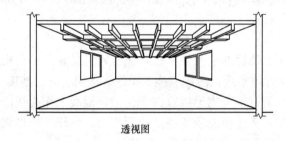

透视图

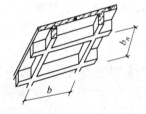

钢筋混凝土井式梁 $(b_n/b = 1～1.5)$

图 9-7　井式楼板

3. 无梁楼板

荷载较大，对房间高度、采光、通风又有一定要求的建筑(如商场、书库、多层车库等)就不宜采用梁板式楼板，宜采用无梁楼板。无梁楼板是框架结构中将楼板直接支撑在柱子和墙上的楼板，如图 9-8 所示，为了增大柱的支撑面积和减小板的跨度，须在柱的顶部设柱帽和托板。无梁楼板的柱应尽量按方形网格布置，间距 7～9m 较为经济。由于板跨较大，一般板厚应不小于 150mm。

无梁楼板.mp4

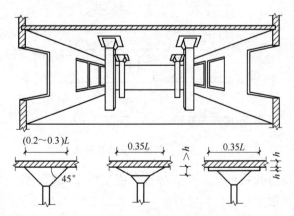

图 9-8　无梁楼板

4. 压型钢板组合楼板

压型钢板组合楼板是一种钢与混凝土组合的楼板。它利用压型钢板做衬板(简称钢衬板)与现浇混凝土浇筑在一起,搁置在钢梁上,构成整体型的楼板支撑结构。它适用于需要较大空间的高、多层民用建筑。

钢衬板有单层钢衬板和双层孔格式钢衬板,如图 9-9 所示,压型钢板两面镀锌,冷压成梯形截面。截面的翼缘和腹板常压成肋形或肢形,用来加肋,以提高与混凝土的黏结力。

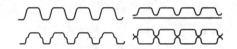

图 9-9　钢衬板的形式

压型钢板板宽为 500～1000mm,肋或肢高为 35～150mm,板的表面除镀 14～15mm 厚的一层锌外,板的背面为了防腐可再涂油漆。

1)　压型钢板组合楼板的特点

(1) 压型钢板以衬板形式作为混凝土楼板的永久性模板,施工时又是施工的台板,省去了现浇混凝土所需的模板、脚手架及支撑系统,简化了施工程序,加快了施工速度。

(2) 经过构造处理,可使混凝土、钢衬板与钢梁组合共同受力,混凝土作为板的上部受压部分,承受剪力与压应力;钢梁和衬板主要承受下部的拉弯应力。这样,压型钢板可起到受拉钢筋与模板的双重作用,板内仅仅放置部分构造钢筋即可。

(3) 可利用压型钢衬板的肋间空隙敷设室内电力管线,亦可在钢衬板底部焊接架设悬吊管道和吊顶棚的支托,从而可充分利用楼板结构中的空间。

2)　压型钢衬板组合楼板的构造

(1) 基本组成:钢衬板组合楼板主要由楼面层、组合板与钢梁三部分构成,如图 9-10 所示。组合板包括混凝土和钢衬板两部分。组合楼板的跨度为 1.5～4.0m,其经济跨度为 2.0～3.0m 之间。

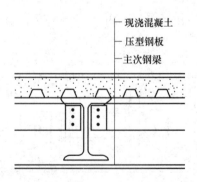

图 9-10　压型钢衬板组合楼板基本组成

(2) 构造形式:组合楼板的构造形式较多,根据压型钢板形式,有单层钢衬板支撑的楼板和双层孔格式钢衬板支撑的楼板之分。

单层钢衬板组合楼板常见的构造,如图 9-11 所示。图 9-11(a)所示为组合楼板在混凝土的上部仍配有钢筋,加强混凝土面层的抗裂强度即支撑处作为承受负弯矩的钢筋;图 9-11(b)所示为在钢衬板上加肋条或压出凹槽,形成抗剪连接,这时钢衬板对混凝土起到加强钢筋的作用;图 9-11(c)所示为在钢梁上焊有抗剪螺栓,保证混凝土板和钢梁能共同工作。

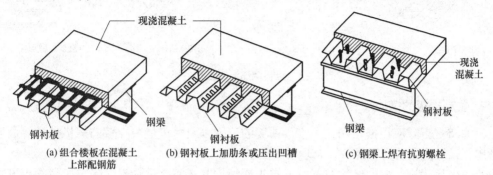

(a) 组合楼板在混凝土   (b) 钢衬板上加肋条或压出凹槽   (c) 钢梁上焊有抗剪螺栓
上部配钢筋

图 9-11   单层钢衬板组合楼板

双层孔格式钢衬板组合楼板的构造,如图 9-12 所示。图 9-12(a)所示为在压型钢板下加一张平板钢,在钢衬板下形成封闭形空腔 A,这样使承载能力提高;图 9-12(b)所示为一种用成对截面较高的压型钢板焊在一起的钢衬板组合楼板,用于承载更大的楼板结构,其跨度可达 4m。

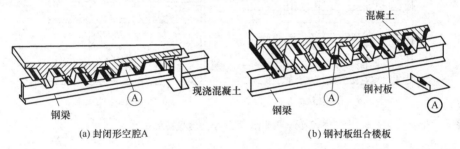

(a) 封闭形空腔A   (b) 钢衬板组合楼板

图 9-12   双层孔格式钢衬板组合楼板

3)   使用压型钢板组合楼板应注意的问题

(1)   在有腐蚀的环境中应避免使用。

(2)   应避免压型钢板长期暴露在空气中,以防钢板和梁生锈,破坏结构的连接性能。

(3)   这种结构体系主要适用于承受静荷载结构,如果荷载大部分是动荷载,则应仔细考虑其细部设计,并注意保持结构组合作用的完整性和共振问题。

9.2.2   预制钢筋混凝土楼板的构造

1. 预制楼板的类型

目前,在我国各城市普遍采用预应力钢筋混凝土构件,少量地区采用普通钢筋混凝土构件。楼板大多预制成空心构件或槽形构件,如图 9-13 示。空心楼板又分为方孔和圆孔两种;槽形板又分为槽口向上的正槽形和槽口向下的反槽形。楼板的厚度与楼板的长度有关,但大多在 120~240mm 之间,楼板宽度大多为 600mm、900mm、1200mm 等多种规格。楼板的长度应符合 300mm 模数的"三模制",一般多采用 1800~6900mm 等 18 种规格。

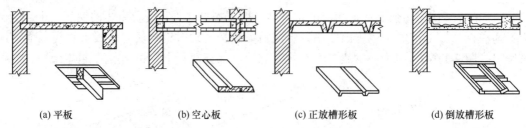

(a) 平板   (b) 空心板   (c) 正放槽形板   (d) 倒放槽形板

图 9-13　预制钢筋混凝土板的类型

2. 预制楼板的摆放

板的布置方式应根据空间的大小、铺板的范围以及尽可能减少板的规格种类等因素综合考虑，以达到结构布置经济、合理的目的。

对一个房间进行板的结构布置时，首先应根据其开间、进深尺寸确定板的支承方式，然后根据板的规格进行布置。板的支承方式有板式和梁板式，预制板直接搁置在墙上的称为板式布置，若楼板支承在梁上，梁再搁置在墙上的称为梁板式布置，如图 9-14 所示。

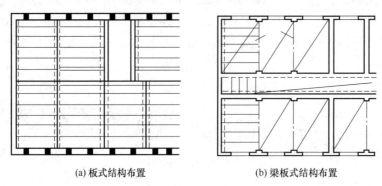

(a) 板式结构布置   (b) 梁板式结构布置

图 9-14　预制钢筋混凝土楼板结构布置

3. 预制楼板的选板与排板

预制楼板的选板应依据轴线尺寸、荷载大小而定，必要时还要验算楼板的剪力与弯矩值。预制楼板的排板应注意以下几点原则。

(1) 按板不支承在墙上或梁上的方向的净尺寸计算楼板的块数，或者按板的构造宽度计算。圆孔板的宽度有两种：宽板的标志尺寸为 1200mm，构造宽度为 1180mm；窄板的标志尺寸为 900mm，构造宽度为 880mm。

(2) 为减少板缝的现浇混凝土量，应优先选用宽板，窄板作调剂用。

(3) 板与板之间应留出平均宽度不小于 40mm 的缝隙。板缝为 40mm，直接用豆石混凝土浇注，大于 40mm 时，应在缝中加钢筋，再浇注豆石混凝土，钢筋直径一般为 6mm，并按每 100mm 宽加一根。更大的板缝，其配筋量应通过计算决定(注：长向板板缝应不小于60mm)，如图 9-15(a)、图 9-15(b)所示。

(4) 遇有上下水管线、烟道、通风道穿过楼板时，为防止圆孔板开洞过多，应尽量做成现浇钢筋混凝土板，如图 9-15(c)所示。

(5) 墙外侧有阳台时，排板时应拉开板缝，做成现浇板带，板带尺寸应不小于 240mm。

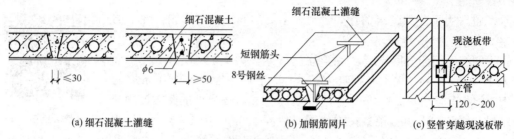

图 9-15　板缝的处理(单位：mm)

(a) 细石混凝土灌缝　　　(b) 加钢筋网片　　　(c) 竖管穿越现浇板带

4. 楼板与隔墙

当房间内设有重质块材隔墙和砌筑隔墙且质量由楼板承受时，必须从结构上予以考虑。在确定隔墙位置时，不宜将隔墙直接搁置在楼板上，而应采取一些构造措施。如在隔墙下部设置钢筋混凝土小梁，通过梁将隔墙荷载传给墙体；当楼板结构层为预制槽形板时，可将隔墙设置在槽形板的纵肋上；当楼板结构层为空心板时，可将板缝拉开，在板缝内配置钢筋后浇筑 C20 细石混凝土形成钢筋混凝土小梁，再在其上设置隔墙，如图 9-16 所示。

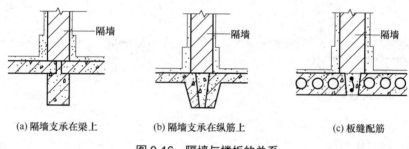

(a) 隔墙支承在梁上　　　(b) 隔墙支承在纵筋上　　　(c) 板缝配筋

图 9-16　隔墙与楼板的关系

9.2.3　地面做法的选择

1. 有清洁和弹性要求的地面

(1) 有一般清洁要求时，可采用水泥石屑面层、石屑混凝土面层。

(2) 有较高清洁要求时，宜采用水磨石面层或涂刷涂料的水泥类面层，或其他板、块材面层等。

(3) 有较高清洁和弹性等要求时，宜采用菱苦土或聚氯乙烯板面层，当上述材料不能完全满足使用要求时，可局部采用木板面层，或其他材料面层。菱苦土面层不应用于经常受潮湿或有热源影响的地段。在金属管道、金属构件同菱苦土的接触处，应采取非金属材料隔离。

(4) 有较高清洁要求的底层地面，宜设置防潮层。

(5) 木板地面应根据使用要求，采取防火、防腐、防蛀等相应措施。

常见有清洁和弹性要求的地面如下。

1) 水磨石地面

水磨石地面是将天然石料(大理石、方解石)的石碴做成水泥石屑面层，经磨光打蜡制成。它质地美观，表面光洁，不起尘，易清洁，具有很好的耐磨性、耐久性、耐油耐碱、防火

防水，通常用于公共建筑门厅、走道、主要房间地面、墙裙，住宅的浴室、厨房、厕所等处。

水磨石地面.docx

水磨石地面为分层构造，底层为1：3水泥砂浆15mm厚找平，面层为(1：1.5)～(1：2)水泥石碴15mm厚，石碴粒径为8～10mm。施工中先将找平层做好，在找平层上按设计为1m×1m方格的图案嵌固玻璃塑料分格条(或铜条、铝条)，分格条一般高10mm，用1：1水泥砂浆固定，将拌和好的水泥石屑铺入压实，经浇水养护后磨光，一般需粗磨、中磨、精磨，用草酸水溶液洗净，最后打蜡抛光。普通水磨石地面采用普通水泥掺白石子，玻璃条分格；美术水磨石可用白水泥加各种颜料和各色石子，用铜条分格，可形成各种优美的图案，但造价比普通水磨石约高4倍。还可以将破碎的大理石块铺入面层，不分格，缝隙处填补水泥石碴，磨光后即成冰裂水磨石，如图9-17所示。

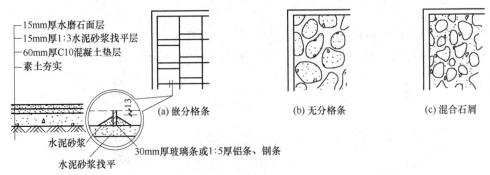

图9-17 水磨石地面

2) 水泥制品块地面

水泥制品块地面常用的有水泥砂浆砖(尺寸常为150～200mm见方，厚10～20mm)、水磨石块、预制混凝土块(尺寸常为400～500mm见方，厚20～50mm)。水泥制品块与基层黏结有两种方式：当预制块尺寸较大且较厚时，常在板下干铺一层20～40mm厚细砂或细炉渣，待校正后，板缝用砂浆嵌填。这种做法施工简单、造价低、便于维修更换，但不易平整。城市人行道常按此方法施工，如图9-18(a)所示。当预制块小而薄时，则采用12～20mm厚1：3水泥砂浆做结合层，铺好后再用1：1水泥砂浆嵌缝。这种做法坚实、平整，但施工较复杂，造价也较高，如图9-18(b)所示。

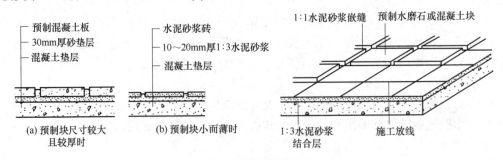

图9-18 水泥制品块地面

3) 缸砖地面

缸砖是用陶土焙烧而成的一种无釉砖块。形状有正方形(尺寸为100mm×100mm和

150mm×150mm，厚 10～19mm)、六边形、八角形等。颜色也有多种，但以红棕色和深米黄色居多。由不同形状和色彩可以组合成各种图案。缸砖背面有凹槽，使砖块和基层黏结牢固，铺贴时一般用 15～20mm 厚 1：3 水泥砂浆作为结合材料，要求平整，横平竖直，如图 9-19 所示。缸砖具有质地坚硬、耐磨、耐水、耐酸碱、易清洁等特点。

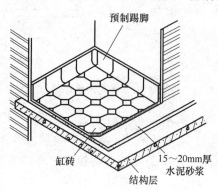

图 9-19　缸砖地面

2. 空气洁净度要求较高的地面

(1)　有空气洁净度要求的建筑地面，其面层应平整、耐磨、不起尘，并易除尘、清洗。其底层地面应设防潮层。面层应采用不燃、难燃或燃烧时不产生有毒气体的材料，并宜有弹性与较低的导热系数。面层应避免眩光，面层材料的光反射系数宜为 0.15～0.35。必要时尚应不易积聚静电。

空气洁净度为 100 级、1000 级、10000 级的地段，地面不宜设变形缝。

(2)　空气洁净度为 100 级垂直单向流的建筑地面，应采用格栅式通风地板，其材料可选择钢板焊接后电镀或涂塑、铸铝等。通风地板下宜采用现浇水磨石、涂刷树脂类涂料的水泥砂浆或瓷砖等面层。

(3)　空气洁净度为 100 级水平单向流、1000 级和 10000 级的地段宜采用导静电塑料贴面面层、聚氨酯等自流平面层。导静电塑料贴面面层宜用成卷或较大块材铺贴，并用配套的导静电胶黏合。

(4)　空气洁净度为 10000 级和 100000 级的地段，可采用现浇水磨石面层，亦可在水泥类面层上涂刷聚氨酯涂料、环氧涂料等树脂类涂料。

现浇水磨石面层宜用铜条或铝合金条分格，当金属嵌条对某些生产工艺有害时，可采用玻璃条分格。

3. 有防静电要求的地面

生产或使用过程中有防静电要求的地段，应采用导静电面层材料，其表面电阻率、体积电阻率等主要技术指标应满足生产和使用要求，并应设置静电接地。

导静电地面的各项技术指标应符合现行国家标准《数据中心设计规范》(GB 50174—2017)的有关规定。

4. 有水或非腐蚀液体的地面

有水或非腐蚀性液体经常浸湿的地段，宜采用现浇水泥类面层。底层地面和现浇钢筋

混凝土楼板，宜设置隔离层；装配式钢筋混凝土楼板，也应设置隔离层，如图 9-20 所示。

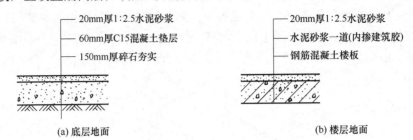

图 9-20　水泥砂浆地面

经常有水流淌的地段，应采用不吸水、易冲洗、防滑的面层材料，并应设置隔离层。隔离层可采用防水卷材类、防水涂料类和沥青砂浆等材料。

防潮要求较低的底层地面，亦可采用沥青类胶泥涂覆式隔离层或增加灰土、碎石灌沥青等垫层。

5. 夏热冬冷地区建筑的底层地面

底层地面防潮，可采用微孔吸湿、表面粗糙的面层，以防止和控制地表面温度过低、室内空气湿度过大，避免湿空气与地面发生接触，如图 9-21 所示。

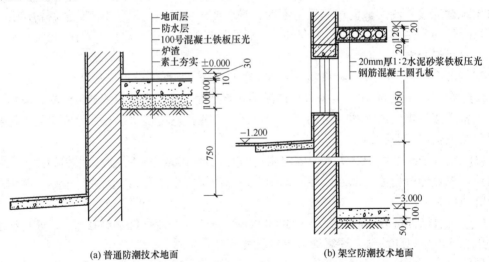

图 9-21　夏热冬冷地区建筑的底层地面

6. 采暖房间的地面

采暖房间的地面，可不采取保温措施，但遇下列情况之一时，应采取局部保温措施。

(1) 架空或悬挑部分直接对室外的采暖房间的楼层地面或对非采暖房间的楼层地面。

(2) 当建筑物周边无采暖通风管沟时，严寒地区底层地面，在外墙内侧 0.5～1.0m 范围内宜采取保温措施，其热阻值不应小于外墙的热阻，如图 9-22 所示。

季节性冰冻地区非采暖房间的地面以及散水、明沟、踏步、台阶和坡道等，当土壤标准冻深大于 600mm，且在冻深范围内为冻胀土或强冻胀土时，宜采用碎石、矿渣地面或预制混凝土板面层。当必须采用混凝土垫层时，应在垫层下加设防冻胀层。

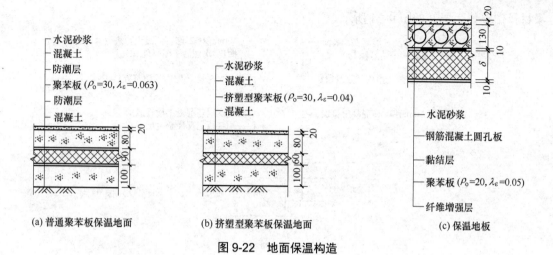

图 9-22　地面保温构造

位于上述地区并符合以上土层条件的采暖房间，混凝土垫层竣工后尚未采暖时，应采取适当的越冬措施。

防冻胀层应选用中粗砂、砂卵石、炉渣或炉渣石灰土等非冻胀材料，其厚度应根据当地经验确定，如表 9-4 所示。

表 9-4　防冻胀层厚度

土层标准冻深 (mm)	防冻胀层厚度(mm)	
	土层为冻胀土	土层为强冻胀土
600～800	100	150
1200	200	300
1800	350	450
2200	500	600

注：土壤的标准冻深和土壤冻胀性分类，应按现行国家标准《建筑地基基础设计规范》(GB 50007—2002)的规定确定。

采用炉渣石灰土做防冻胀层时，其质量配合比宜为 7：2：1(炉渣：素土：熟化石灰)，压实系数不宜小于 0.85，且冻前龄期应大于 30d。

7. 有灼热物体接触或受高温影响的底层地面

有灼热物件接触或受高温影响的底层地面，可采用素土、矿渣或碎石等面层。当同时有平整和一定清洁要求时，尚应根据温度的接触或影响状况采取相应措施：300℃以下时，可采用黏土砖面层；300～500℃时，可采用块石面层；500～800℃时，可采用耐热混凝土或耐火砖等面层；800～1400℃局部地段，可采用铸铁板面层。上述块材面层的结合层材料宜采用砂或炉渣。

8. 要求不发生火花的地面

要求不发生火花的地面，宜采用细石混凝土，如图 9-23 所示。水泥石屑、水磨石等面层，其骨料应为不发生火花的石灰石、白云石和大理石等，亦可采用不产生静电作用的绝

缘材料作整体面层，如图 9-24 所示。

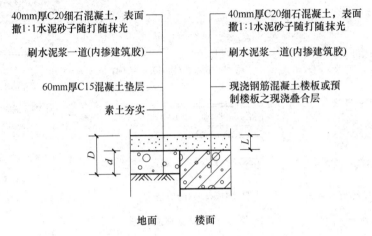

40mm厚C20细石混凝土，表面
撒1:1水泥砂子随打随抹光

刷水泥浆一道(内掺建筑胶)

60mm厚C15混凝土垫层

素土夯实

40mm厚C20细石混凝土，表面
撒1:1水泥砂子随打随抹光

刷水泥浆一道(内掺建筑胶)

现浇钢筋混凝土楼板或预
制楼板之现浇叠合层

地面　　楼面

图 9-23　细石混凝土地面

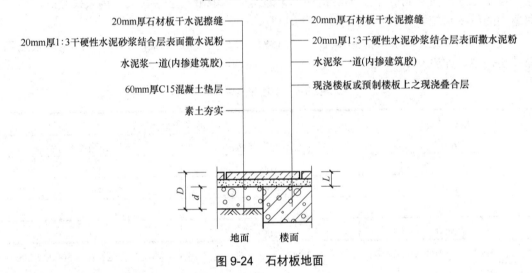

20mm厚石材板干水泥擦缝

20mm厚1:3干硬性水泥砂浆结合层表面撒水泥粉

水泥浆一道(内掺建筑胶)

60mm厚C15混凝土垫层

素土夯实

20mm厚石材板干水泥擦缝

20mm厚1:3干硬性水泥砂浆结合层表面撒水泥粉

水泥浆一道(内掺建筑胶)

现浇楼板或预制楼板上之现浇叠合层

地面　　楼面

图 9-24　石材板地面

9. 生产和储存食品、食料或药物的地面

生产和储存食品、食料或药物且有可能直接与地面接触的地段，面层严禁采用有毒性的塑料、涂料或水玻璃等材料。材料的毒性应经有关卫生防疫部门鉴定。生产和储存吸味较强的食物时，应避免采用散发异味的地面材料。

10. 生产中有汞滴落的地段

生产过程中有汞滴落的地段，可采用涂刷涂料的水泥类面层或软聚氯乙烯板整体面层。底层地面应采用混凝土垫层，楼层地面应加强其刚度及整体性。地面应有一定的坡度。

11. 防油渗地面

防油渗地面类型的选择，应符合下列要求。

(1) 楼层地面经常受机油直接作用的地段，应采用防油渗混凝土面层，现浇钢筋混凝土楼板上可不设防油渗隔离层；预制钢筋混凝土楼板和有较强机械设备振动作用的现浇钢筋混凝土楼板上应设置防油渗隔离层。

(2) 受机油较少作用的地段，可采用涂有防油渗涂料的水泥类整体面层，并可不设防油渗隔离层。防油渗涂料应具有耐磨性能，可采用聚合物砂浆、聚酯类涂料等材料。

(3) 防油渗混凝土地面，其面层不应开裂，面层的分格缝处不得渗漏。

(4) 对露出地面的电线管、接线盒、地脚螺栓、预埋套管及墙、柱连接处等部位应增加防油渗措施。

12. 经常承受机械磨损、冲击作用的地段

经常承受机械磨损、冲击作用的地段，地面类型的选择应符合下列要求。

(1) 通行电瓶车、载重汽车、叉式装卸车及从车辆上倾卸物件或在地面上翻转小型零部件等地段，宜采用现浇混凝土垫层兼面层或细石混凝土面层。

(2) 通行金属轮车、滚动坚硬的圆形重物，拖运尖锐金属物件等磨损地段，宜采用混凝土垫层兼面层、铁屑水泥面层。垫层混凝土强度不低于 C25 的强度。

(3) 行驶履带式或带防滑链的运输工具等磨损强烈的地段，宜采用与砂结合的块石面层、混凝土预制块面层、水泥砂浆结合铸铁板面层或钢格栅加固的混凝土面层。预制块混凝土强度不低于 C30 的强度。

(4) 堆放铁块、钢锭、铸造砂箱等笨重物料及有坚硬重物经常冲击的地段，宜采用素土、矿渣、碎石等面层。

注：磨损强烈的地段也可采用经过可靠性验证的其他新型耐磨、耐冲击的地面材料。

13. 地面上直接安装金属切削机床的地段

地面上直接安装金属切削机床的地段，其面层要求具有一定的耐磨性、密实性和整体性，宜采用现浇混凝土垫层兼面层或细石混凝土面层。

14. 有气垫运输的地段

有气垫运输的地段，其面层应致密不透气、无缝、不易起尘，宜采用树脂砂浆、耐磨涂料、现浇高级水磨石等面层；地面坡度不应大于 1‰，且不应有连续长坡。表面平整度用 2m 靠尺检查时，空隙不应大于 2mm。

15. 人员流动较多的地面

公共建筑中，经常有大量人员走动或小型推车行驶的地段，其面层宜采用耐磨、防滑、不易起尘的无釉地砖、大理石、花岗石、水泥花砖等块材面层和水泥类整体面层。

16. 要求安静的地段

室内环境具有较高安静要求的地段，其面层宜采用地毯、塑料或橡胶等柔性材料。

17. 供儿童和老年人公共活动的地段

供儿童及老年人公共活动的主要地段，面层宜采用木地板、塑料或地毯等暖性材料。

18. 使用地毯的地段

使用地毯的地段，地毯的选用应符合下列要求。

(1) 经常有人员走动或小型推车行驶的地段，宜采用耐磨、耐压性能较好、绒毛密度较高的尼龙类地毯。

(2) 卧室、起居室地面宜用长绒、绒毛密度适中和材质柔软的地毯。

(3) 有特殊要求的地段，地毯纤维应分别满足防霉、防蛀和防静电等要求。

19. 舞池地面

舞池地面宜采用表面光滑、耐磨和略有弹性的木地板、水磨石等面层材料。迪斯科舞池地面宜采用耐磨和耐撞击的水磨石和花岗石等面层材料。

20. 餐厅、酒吧地面

有不起尘、易清洗和抗油腻沾污要求的餐厅、酒吧、咖啡厅等地面，宜采用水磨石、釉面地砖、陶瓷锦砖、木地板或耐沾污地毯等。

21. 室内体育用房地面

室内体育用房、排练厅和表演舞厅等应采用木地板等弹性地面。

室内旱冰场地面应采用具有坚硬耐磨和平整的现浇水磨石、耐磨水泥砂浆等面层材料。

22. 存放书刊、文件用房地面

存放书刊、文件或档案等纸质库房，珍藏各种文物或艺术品和装有贵重物品的库房地面，宜采用木板、塑料、水磨石等不起尘、易清洁的面层。底层地面应采取防潮和防结露措施。

注：装有贵重物品的库房，采用水磨石地面时，宜在适当范围内增铺柔性面层。

9.3　楼板上的地面与底层地面

地面包括底层地面和楼层地面，底层地面也称为室内地坪，楼层地面也称为楼面。地面属于建筑装修的一部分，人们在房间内要和地面直接接触，所以地面质量的好坏、材料选择和构造处理是否合理，十分重要。

9.3.1　对地面的要求

1. 坚固耐久的要求

地面要有足够的强度，以便承受人、家具、设备等荷载而不被破坏。人走动和家具、设备移动对地面将产生摩擦，所以地面应当耐磨。不耐磨的地面在使用时易产生粉尘，影响卫生与人的健康。

音频.地面的构造要求.mp3

2. 热工方面的要求

为了满足隔热等方面的要求，应尽量采用导热系数小的材料作地面或在地面上铺设辅助材料，使地面具有较低的吸热指数，如采用木材或其他有机材料(塑料地板等)作地面的面层，比一般水泥地面的效果要好得多。

3. 隔声方面的要求

楼层之间的噪声传播，有空气传声和固体传声两个途径。楼层地面隔声主要是指隔绝固体声。楼层的固体声声源，多数是由于人或家具与地面撞击产生的。因而在可能的条件下，地面应采用能较大衰减撞击能量的材料及构造。

4. 防水和耐腐蚀方面的要求

地面应不透水，特别是有水源和潮湿的房间如厕所、厨房、盥洗室等更应注意。厕所、实验室等房间的地面除了应不透水外，还应耐酸、碱的腐蚀。

5. 经济方面的要求

设计地面时，在满足使用要求的前提下，要选择经济的材料和构造方案，尽量就地取材。

9.3.2 地面的分类

1. 按面层材料及施工方法分类

(1) 整体类地面：水泥砂浆地面、细石混凝土地面、水磨石地面、菱苦土地面等。

(2) 块料类地面：缸砖地面、陶瓷锦砖地面、陶瓷地面、花岗岩地面、大理石地面、砖地面、木地面等。

(3) 卷材类地面：塑料地毡地面、橡胶地毡地面、地毯地面等。

(4) 涂料类地面：包括多种水乳型、水溶型及溶剂型涂料地面等。

2. 按热工性能分类

按热工性能，地面可分为暖性地面和凉性地面。按照吸热系数分，吸热系数小的为暖性地面，吸热系数大的为凉性地面，如表9-5所示。

表9-5　地面按热工性能分类

序号	热工性能等级		脚感评价	吸热系数 B	举例
1	暖性	I	脚暖	≤10	木地面
2		II	中等脚暖	10～152	菱苦土地面、水泥珍珠岩地面
3	凉性	III	中等脚暖	15～20	水泥地面
4		IV	脚冷	>20	水磨石地面

9.3.3 地面的细部构造

1. 整体类地面

1) 水泥砂浆地面

水泥砂浆地面坚固耐磨，防潮，防水，构造简单，施工方便，而且造价低廉，是目前使用最普遍的一种低档地面。但水泥地面导热系数大，对于不采暖的建筑，冬天会感到寒

冷；当空气中相对湿度大时，容易返潮；而且易起灰和不易清洁。

水泥砂浆地面有双层和单层构造之分。双层做法分为面层和底层，在构造上常以 15～20mm 厚 1：3 水泥砂浆打底、找平，再以 5～10mm 厚 1：2 或 1：1.5 的水泥砂浆抹面，如图 9-25 所示。分层构造虽增加了施工程序，却容易保证质量，减少了表面干缩时产生裂纹的可能。单层构造的做法是先在结构层上抹水泥浆结合层一道，再抹 15～20mm 厚 1：2 或 1：2.5 的水泥砂浆一道。

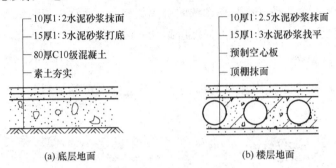

图 9-25 水泥砂浆地面

2) 细石混凝土地面

细石混凝土地面是在结构层上浇 30mm 厚细石混凝土，然后用木板拍浆或用平板振动器振出灰浆，待水泥浆液到表面时，再撒少量干水泥，最后用铁板抹光而制成的。其优点是经济、不易起砂，而且强度高，整体性好。

3) 水磨石地面

水磨石地面又称为磨石面。其性能与水泥砂浆地面相似，但耐磨性更好，表面光洁，不易起灰，可做成各种图案，有一定的装饰效果，但造价比水泥砂浆地面高 1～2 倍，常用于卫生间、公共建筑门厅、走廊、楼梯间以及标准较高的房间。

构造做法是在垫层或楼层的结构层上，用 1：3 的水泥砂浆打底抹平厚 7～12mm，然后嵌分格条，中层刷一道素水泥浆，再用 1：1～1：2.5 的水泥石碴抹面层 10～15mm 厚，拍实拍平；养护 2～3d，试磨，使用磨石机磨面，其内石子不会蹦出就可开磨。一般先用粗磨石，后用细磨石磨出均匀美观的表面，并用草酸水溶液涂擦、洗净面层再打蜡保护。

为防止水磨石地面开裂，便于维修，常将地面用金属条或玻璃条分格成各种图案。按图案进行分格的优点：一是将大面积分为小块，可以防止面层开裂；二是万一局部损坏，不致影响整体，维修也较方便；三是可按设计图案定出不同式样和颜色，增加美观。分格形状有正方形、矩形及多边形等，尺寸为 400～1000mm 不等，视需要而定，如图 9-26 所示。该道工序在做底层之后，将裁成 10mm 左右高的分格条用 1：1 的水泥砂浆嵌于底层上，养护两天，再做水磨石面层。

注意：在选择水磨石的石料时，石子应用质地稍软的大理石、方解石。粒径有大八厘 (8mm)、中八厘 (6mm)、小八厘 (4mm) 的石子。

4) 菱苦土地面

菱苦土是以碳酸镁为主要成分的菱镁矿经焙烧、粉碎而成的。菱苦土加入锯末、滑石粉等填充料，用氯化镁溶液拌和均匀，铺筑在垫层或找平层上，配比为 1：1.5～1：3(菱苦土：锯末)，铺贴厚度为 8～10mm。

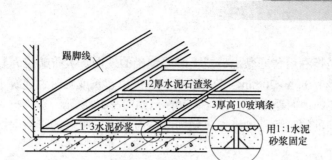

图 9-26　水磨石地面

菱苦土地面洁净、美观、中等温暖、有弹性，但不耐水、易反潮，适用于人们经常活动的房间。

整体类地面，当湿度大时，易出现返潮现象。地面返潮现象主要出现在我国南部(一般在长江以南)地区及在沿海地区。

针对这种现象，可在地坪构造上采取以下措施。

(1)　对于地下水位低、地基土层干燥的地区，可在水泥地坪下铺一层 150mm 厚 1∶3 水泥炉渣或 1∶3 水泥矿渣保温层，以改变地坪温度差过大的矛盾，一般效果较好，如图 9-27(a)所示。但对于地下水位较高的地区作用不大。

(2)　在地下水位较高地区，可将保温层设在面层与混凝土结构层之间，并在保温层下铺防水层、上铺 30mm 厚细石混凝土层，最后做地面，如图 9-27(b)所示。

(3)　对于一般性建筑，用砖铺地面代替水泥地面效果较好，如图 9-27(c)所示，也有的选用带有微孔的面层材料，如陶土防潮砖以及能吸湿的块体材料做地面。由于这些材料中存在大量孔隙，当返潮时，表面会暂时吸收少量凝聚水；待室外空气干燥时，水分又能自动蒸发逸走，从而地面不会感到明显的潮湿现象。

(4)　作架空式地坪。近年来不少地区将底层地坪设计成：在地垄墙上铺预制板，用作通风间层，使底层地坪不接触土层，以改变地面的温度状况，从而减少凝聚水的机会，使返潮现象得到明显的改善，如图 9-27(d)所示，但这种做法的造价较高。

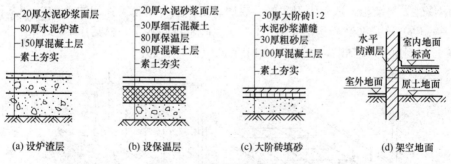

(a) 设炉渣层　　　(b) 设保温层　　　(c) 大阶砖填砂　　　(d) 架空地面

图 9-27　避免地面返潮的措施

2. 块材类地面

凡利用各种人造或天然的预制块材、板材镶铺在基层上的地面称为块材地面。块材地面的类型较多，它借助胶结材料铺砌或粘贴在结构层或垫层上。胶结材料既起黏结作用，又起找平作用，常用的胶结材料有水泥砂浆以及各种聚合物改性黏结剂。

1) 砖地面

砖地面主要是指利用普通黏土砖或大阶砖铺砌的地面。大阶砖也为黏土烧制而成的，其规格为 350mm×350mm×20mm，多用于大量性民用建筑或临时性建筑中。对于湿度大的返潮地区，采用砖铺地面返潮情况会有所改善，如图 9-28 所示。黏土砖可以平铺，也可以侧铺，砖与砖之间的缝隙用细砂填充，使砖与砖挤紧。大阶砖的缝隙则用水泥砂浆或石灰砂浆嵌缝。

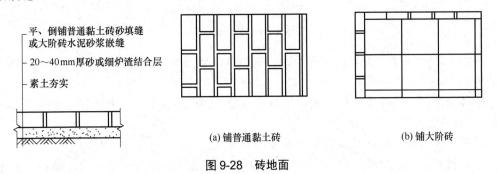

平、倒铺普通黏土砖砂填缝
或大阶砖水泥砂浆嵌缝

20～40mm厚砂或细炉渣结合层

素土夯实

(a) 铺普通黏土砖　　　(b) 铺大阶砖

图 9-28　砖地面

2) 缸砖地面

缸砖是由陶土烧制而成的，颜色有多种，平面形状有正方形、六角形、八角形等，可拼成多种图案。砖背面有凹槽，便于与结构层黏结，正方形尺寸有 100mm×100mm、150mm×150mm、200mm×200mm、300mm×300mm，厚 10～15mm。缸砖质地坚硬、耐磨、防水、耐腐蚀、易于清洁，适用于卫生间、实验室及有防腐蚀性要求的地面。铺贴用 5～10mm厚 1∶1 水泥砂浆黏结，亦可用其他黏结剂粘贴，砖块之间有 3mm 左右的灰缝，如图 9-29(a)所示。

彩釉地砖和无釉砖的质地与外观具有与天然花岗岩相同的效果，都是当今理想的地面装饰材料。其构造做法与缸砖相同。

3) 陶瓷锦砖地面

陶瓷锦砖又称马赛克，其质地坚硬、经久耐用、色泽多样、耐磨、防水、耐腐蚀、易清洁，适用于卫生间、厨房、化验室中精密工作间的地面。其粘贴方法是在结构层上先以 1∶3 水泥砂浆打底找平，然后用5mm 厚 1∶1 水泥砂浆粘贴，如图 9-29(b)所示。

陶瓷锦砖地面.docx

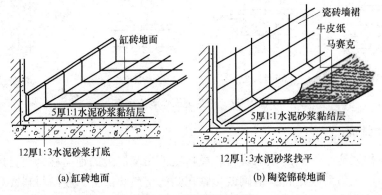

(a) 缸砖地面　　　(b) 陶瓷锦砖地面

图 9-29　预制块材地面

还有其他的水泥砂浆预制板、水磨石板,其规格为(200～500)mm×(200～500)mm,厚20～50mm,其铺贴方式与铺贴缸砖的一样。

4) 天然石板地面

天然石板包括大理石、花岗岩板等,由于它质地坚硬,色泽艳丽、美观,属高档地面装修材料,多用于高级宾馆的门厅、公共建筑的大厅、影剧院、体育馆的出入口等处。其构造做法多为在结构层上先洒水润湿,再刷一层素水泥浆,紧接着铺一层20～30mm厚1∶3～1∶4(体积比)干硬性水泥砂浆作结合层,最后铺贴石板材,如图9-30所示。

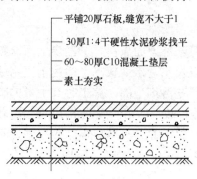

平铺20厚石板,缝宽不大于1
30厚1∶4干硬性水泥砂浆找平
60～80厚C10混凝土垫层
素土夯实

图9-30 石板地面

3. 卷材类地面

卷材类地面主要是粘贴各种卷材、半硬质块材的地面,常见的有塑料地面、橡胶地毡地面和无纺织地毯地面等。

1) 塑料地面

塑料地面中以聚氯乙烯塑料地面应用最广。聚氯乙烯塑料地面主要以聚乙烯树脂为基料,加入增塑剂、稳定剂、石棉绒等,经塑化热压而成,多用于住宅、公共建筑,以及工业建筑中洁净要求较高的房间。

塑料地面的优点是脚感舒适、柔软、富有弹性、轻质、耐磨、美观大方以及防滑、防水、耐腐蚀、绝缘、隔声、阻燃、易清洁,施工方便;其缺点是不耐高温,怕明火,易老化。颜色有灰、绿、橙、黑、仿天然石材纹理等。塑料地面按外形有块材与卷材之分;按材质有软质与半硬质之分;按结构有单层与多层之分。其规格如下:块材有100mm×100mm、200mm×200mm、300mm×300mm、500mm×500mm;卷材宽800～1200mm,长16m,厚1.5～3mm,用黏结剂粘贴在平整、干燥、清洁的水泥砂浆找平层上,如图9-31所示。黏结剂主要有氯丁橡胶及聚氯乙烯、过氯乙烯等胶结剂。

2) 橡胶地毡地面

橡胶地毡是以橡胶粉为基料,掺入软化剂,在高温、高压下解聚后,加入着色补强剂,经混炼、塑化压延成卷的深棕色毡状地面装修材料。它具有耐磨、柔软、防滑、吸声、隔潮、有弹性等特点,且价格低廉、铺贴简便,可以干铺或粘贴在水泥砂浆面层上。

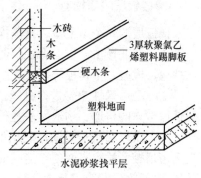

木砖
木条
3厚软聚氯乙烯塑料踢脚板
硬木条
塑料地面
水泥砂浆找平层

图9-31 塑料地面

3) 地毯地面

地毯类型常见的有化纤无纺织针刺地毯、黄洋麻纤维针刺地毯和纯羊毛无纺织地毯等。这类地毯加工精细、平整丰满、图案典雅、色调宜人，具有柔软舒适、清洁吸声、防虫、防潮、美观适用等特点，是装饰房间的绝佳材料。

卷材地面的基层必须坚实、干燥、平整、干净。铺贴前先弹好铺贴导线，并进行预铺，然后从房间中心向四周铺贴。操作时，对接缝处须用小压辊压实，以防翘边、脱胶等现象发生。

4. 涂料类地面

地面涂料有地板漆、过氯乙烯地面涂料、苯乙烯地面涂料等。涂料地面施工方便，造价较低，地面耐磨性和韧性以及不透水性较高，适用于民用建筑中的住宅、医院等。但由于过氯乙烯、苯乙烯地面涂料是溶剂型的，施工时有大量的有机溶剂逸出，污染环境；另外，由于涂层较薄，耐磨性差，故不适用于人流密集、经常受到物或鞋底摩擦的公共场所。

涂料地面的基层应坚实平整，涂料与基层黏结应牢固，不允许有掉粉、脱皮及开裂等现象。同时，涂层色彩要均匀，表面要光滑、清洁，给人以舒适、明净、美观的感觉。

5. 踢脚线构造

地面与墙面交接处的垂直部位，在构造上，通常按地面的延伸部分来处理，这一部分称为踢脚线，也称踢脚板。它的主要功能是保护墙面，防止墙面因受外界的碰撞损坏，或在清洗地面时，防止脏污墙面。踢脚线高度一般为 120～150mm，材料一般同地面材料，如图 9-32 所示。

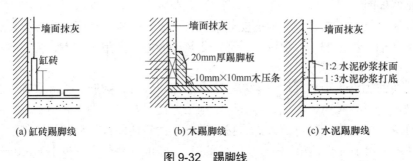

(a) 缸砖踢脚线　　　(b) 木踢脚线　　　(c) 水泥踢脚线

图 9-32　踢脚线

6. 楼板层隔声构造

楼板层的一个主要作用是隔撞击声，即减弱或限制固体传声，方法有以下三种。

(1) 减弱撞击楼板的力，削弱楼板因撞击而产生的声能，可在楼板面上铺设弹性面层，如地毯、橡胶、塑料板等，如图 9-33(a)所示。

(2) 利用弹性垫层进行处理，在楼板面层和结构层之间设置有弹性的材料作垫层，来降低撞击声的传递。构造做法是使楼面与楼板全脱开，形成浮筑楼板，如图 9-33(b)所示。

(3) 做楼板吊顶处理，利用吊顶棚内空间使撞击产生的声能不能直接进入室内，同时受到吊顶棚面的阻隔而使声能减弱。对于隔声要求高的空间，还可在顶棚上铺设吸声材料，效果会更佳，如图 9-33(c)所示。

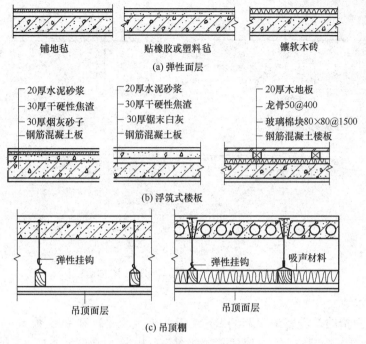

(a) 弹性面层

20厚水泥砂浆
30厚干硬性焦渣
30厚烟灰砂子
钢筋混凝土板

20厚水泥砂浆
30厚干硬性焦渣
30厚锯末白灰
钢筋混凝土板

20厚木地板
龙骨50@400
玻璃棉块80×80@1500
钢筋混凝土楼板

(b) 浮筑式楼板

弹性挂钩

弹性挂钩   吸声材料

吊顶面层   吊顶面层

(c) 吊顶棚

图 9-33　楼板隔固体声构造

9.3.4　木地面的构造

底层木地面分为空铺与实铺两类做法。

1)　空铺木地面

在夯实素土上打 150mm 厚 3∶7 灰土(上皮标高不得低于室外地坪)，用 M5 砂浆砌筑 120mm 或 240mm 地垄墙，中距 4m。地垄墙顶部用 20mm 厚 1∶3 水泥砂浆找平层并拴 100mm×50mm 厚压沿木(用 8 号低碳钢丝绑扎)。压沿木钉 50mm×70mm 木龙骨，中距 400mm，在垂直龙骨方向钉 50mm×50mm 横撑，中距 800mm。其上钉 50mm×20mm 硬木企口长条地板或席纹、人字纹拼花地板，表面烫硬蜡。空铺木地面应采取通风、防腐等构造措施，如图 9-34 和图 9-35 所示。

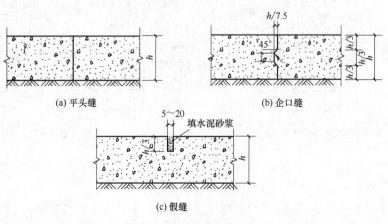

(a) 平头缝

(b) 企口缝

5～20
填水泥砂浆

(c) 假缝

图 9-34　地面变形缝示意

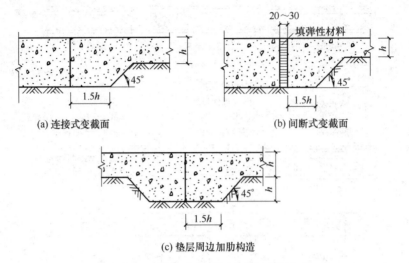

(a) 连接式变截面　　　　(b) 间断式变截面

(c) 垫层周边加肋构造

图 9-35　地面变截面与周边加肋构造

2)　实铺木地面

实铺木地面指的是没有地垄墙的做法,其构造要点是:在夯实素土上打 100mm 厚 3:7 灰土(上皮标高与管沟盖板相平),在灰土上打 40mm 厚豆石混凝土找平层,上刷冷底子油一道,随后铺一毡二油。在一毡二油上打 60mm 厚 C15 混凝土基层,并安装 $\phi 6 \Omega$ 形铁鼻子,中距 400mm,在木龙骨间加做 50mm×70mm 木龙骨,拴于 Ω 形铁件上(架空 20mm,用木垫块垫起),中距 400mm,在木龙骨间加做 50mm×50mm 横撑,中距 800mm。上钉 22mm 厚松木毛地板,45°斜铺,上铺油毡纸一层。毛地板上钉接 50mm×20mm 硬木长条或席纹、人字纹拼花地板,表面烫硬蜡,如图 9-36(a)、图 9-36(b)所示。实铺式木地面如图 9-37 所示。

实铺木地板.mp4

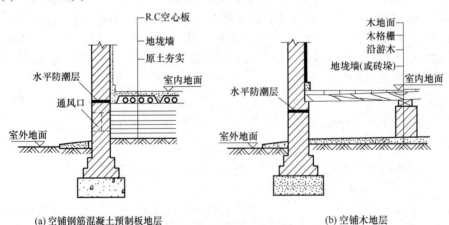

(a) 空铺钢筋混凝土预制板地层　　　　(b) 空铺木地层

图 9-36　空铺地层构造

3)　强化复合木地板地面(无铺底板)

面层为 8 毫米厚企口强化复合木地板,下铺 3～5 毫米泡沫塑料衬垫;35 毫米 C15 细石混凝土随打随抹平,1.5 毫米厚聚氨酯涂膜防潮层,50 毫米厚 C15 细石混凝土随打随抹平,

100 毫米 3：7 灰土，素土夯实(压实系数 0.90)，如图 9-37(c)所示。

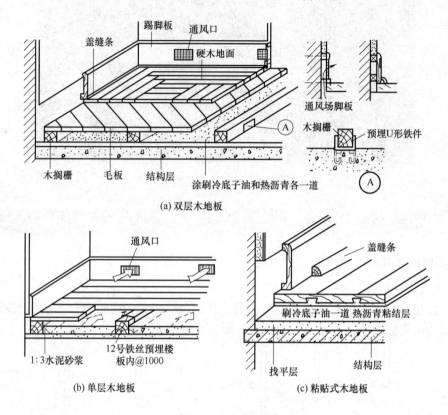

图 9-37 实铺式木地面

4) 强化复合木地板地面(有铺底板)

面层为 8mm 厚企口强化复合木地板，下铺 3～5mm 泡沫塑料衬垫；18mm 松木毛地板，背面刷氟化钠防腐剂及防火涂料，水泥钉固定；35mmC15 细石混凝土随打随抹光，1.5mm 厚聚氨酯涂膜防潮层，50mm 厚 C15 细石混凝土随打随抹，100mm3：7 灰土，素土夯实(压实系数 0.90)。

5) 活动地板地面

50～360mm 高架空活动地板(抗静电活动地板、一般活动地板)，10mm 厚 1：2.5 水磨石地面，素水泥浆结合层一道，20mm 厚 1：3 水泥砂浆找平层，素水泥浆一道(内掺建筑胶)，50mm 厚 C10 混凝土，100mm3：7 灰土，素土夯实(压实系数 0.90)。

9.4 阳台和雨篷的构造

阳台是多层或高层建筑中不可缺少的室内外过渡空间，为人们提供户外活动的场所。阳台的设置对建筑物的外部形象也起着重要的作用，如图 9-38 所示。

图 9-38　各种形式的阳台

9.4.1　阳台

1. 阳台的类型和设计要求

1)　阳台类型

(1)　按位置分：阳台按其与外墙面的关系分为悬挑阳台、凹阳台和半挑半凹阳台；按其在建筑物中所处的位置可以分为中间阳台和转角阳台，如图 9-39 所示。

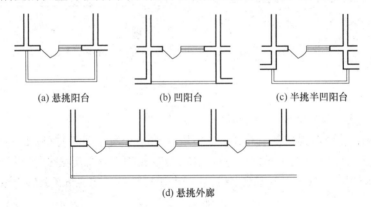

(a) 悬挑阳台　　　　(b) 凹阳台　　　　(c) 半挑半凹阳台

(d) 悬挑外廊

图 9-39　阳台类型示意图

(2)　按功能分：阳台按使用功能的不同又可以分为生活阳台(靠近卧室或客厅)和服务阳台(靠近厨房)。阳台由承重梁、板和栏杆组成。

2)　设计时的要求

(1)　安全适用。

悬挑阳台的挑出长度不宜过大，应保证在荷载作用下不发生倾覆，以 1.2～1.8m 为宜。低层、多层住宅阳台栏杆净高不低于 1.05m，中高层住宅阳台栏杆净高不低于 1.1m，但也不大于 1.2m。阳台栏杆形式应防坠落(垂直栏杆之间净距不应大于 110mm)、防攀爬(不设水平横杆)、防倾覆，以免造成事故恶果。放置花盆处，也应采取防坠落措施。

(2)　坚固耐久。

阳台所用材料和构造措施应经久耐用，承重结构宜采用钢筋混凝土，金属构件应做防锈处理，表面装修应注意色彩的耐久性和抗污染性。

(3) 排水顺畅。

为防止阳台上的雨水流入室内，设计时要求将阳台地面标高低于室内地面标高 60mm 左右，并将地面抹出 5‰的排水坡将水导入排水孔，使雨水能顺利排出。

应考虑地区气候特点，南方地区宜采用有助于空气流通的空透式栏杆，北方寒冷地区和中高层住宅应采用实体栏杆，并满足立面美观的要求，为建筑物的形象增添风采。

2. 阳台结构布置方式

阳台结构布置方式，如图 9-40 所示。

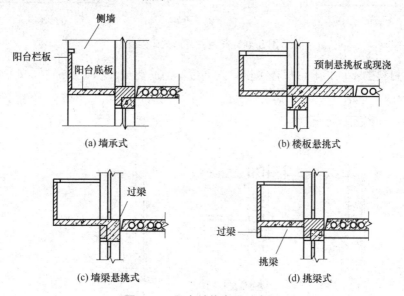

图 9-40　阳台结构布置示意图

1) 墙承式

将阳台板直接搁置在墙上。这种结构形式稳定、可靠、施工方便，多用于凹阳台。

2) 挑梁式

从横墙内外伸挑梁，其上搁置预制楼板，这种结构布置简单、传力直接明确、阳台长度与房间开间一致。挑梁根部截面高度 H 为 $\left(\dfrac{1}{6} \sim \dfrac{1}{5}\right)L$，$L$ 为悬挑净长，截面宽度为 $\left(\dfrac{1}{3} \sim \dfrac{1}{2}\right)h$。

为美观起见，可以在挑梁端头设置面梁，既可以遮挡挑梁头，又可以承担阳台栏杆的重量，还可以加强阳台的整体性。

3) 挑板式

当楼板为现浇楼板时，可以选择挑板式阳台，悬挑长度一般为 1.2m 左右。即从楼板外延挑出平板，板底平整美观而且阳台平面形式可以做成半圆形、弧形、梯形、斜三角形等各种形状。挑板厚度不小于挑出长度的 1/12。

3. 阳台细部构造

1) 阳台栏杆类型与构造

(1) 栏杆类型。

阳台栏杆(栏板)是设置在阳台外围的垂直构件；主要供人们倚扶之用，以保障人身安全，

且对整个建筑物起装饰美化作用。

按阳台栏杆空透情况的不同，阳台栏杆有空花式、混合式和实体式，如图 9-41 所示。

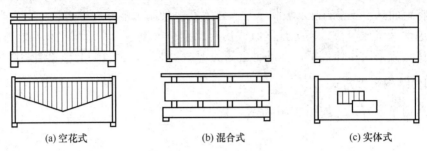

(a) 空花式　　　　　　(b) 混合式　　　　　　(c) 实体式

图 9-41　阳台栏杆形式示意图

按砌筑材料的不同，阳台栏杆可以分为砖砌、钢筋混凝土和金属栏杆，如图 9-42 所示。

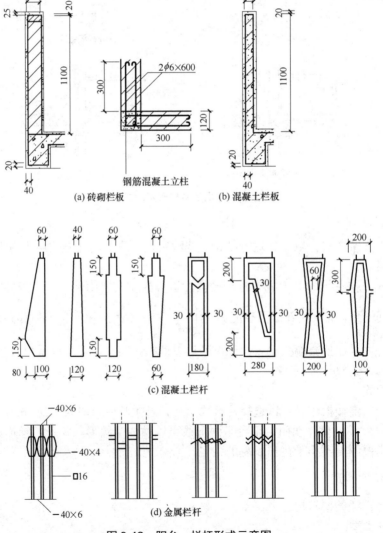

图 9-42　阳台、栏杆形式示意图

金属栏杆若采用钢栏杆易锈蚀，若为其他合金，则造价较高；砖栏杆自重大，抗震性能差，且立面显得厚重；钢筋混凝土栏杆造型丰富，可虚可实，耐久、整体性好，自重较砖栏杆轻，并常做成钢筋混凝土栏板，拼接方便。因此，钢筋混凝土栏杆应用较为广泛。

(2) 栏杆构造。

栏杆(栏板)净高应高于人体的重心，不宜小于 1.05m，也不应超过 1.2m。栏杆一般由金属杆或混凝土杆制作，其垂直杆件之间净距不应大于 110mm，栏板有钢筋混凝土栏板和玻璃栏板等。阳台细部构造主要包括栏杆扶手、栏杆与扶手的连接、栏杆与面梁(或称为止水带)的连接、栏杆与墙体的连接等。

① 栏杆扶手。扶手是供人们手扶使用的，有金属和钢筋混凝土两种。金属扶手一般为钢管与金属栏杆焊接。钢筋混凝土扶手应用广泛，形式多样，一般直接用作栏杆压顶，宽度有 80mm、120mm、160mm。当扶手上需放置花盆时，必须在外侧设保护栏杆，一般高 180~200mm，花台净宽为 240mm。

钢筋混凝土扶手用途广泛，形式多样，有不带花台、带花台、带花池等，如图 9-43 所示。

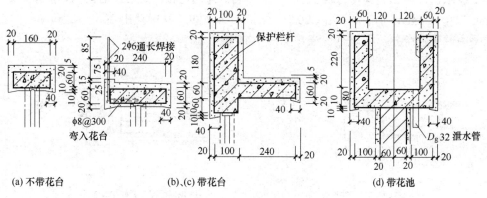

(a) 不带花台　　(b)、(c) 带花台　　(d) 带花池

图 9-43　阳台扶手构造示意图

② 栏杆与扶手的连接方式有焊接、现浇等方式，如图 9-44 所示。

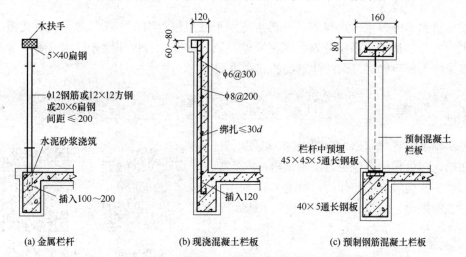

(a) 金属栏杆　　(b) 现浇混凝土栏板　　(c) 预制钢筋混凝土栏板

图 9-44　阳台栏杆(栏板)与扶手构造示意图

③ 栏杆与面梁或阳台板的连接方式有预埋铁件焊接、榫接坐浆、插筋现浇连接等，如图 9-45 所示。

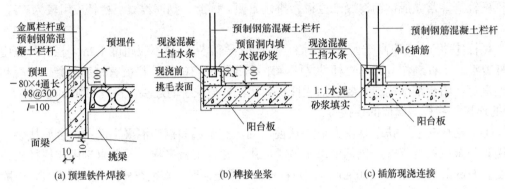

图 9-45　栏杆与面梁或阳台板的连接示意图

④ 扶手与墙体的连接，应将扶手或扶手中的钢筋伸入外墙的预留孔洞中，采用细石混凝土或水泥砂浆填实固牢；现浇钢筋混凝土栏杆与墙连接时，应在墙体内预埋240mm(宽)×180mm(深)×120mm(高)的洞，用 C20 细石混凝土块填实，从中伸出 2φ6、长 300mm 的钢筋，与扶手中的钢筋绑扎后再进行现浇，如图 9-46 所示。

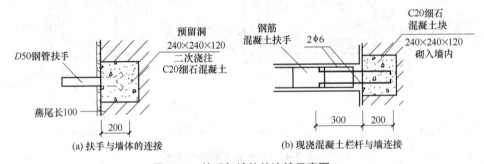

图 9-46　扶手与墙体的连接示意图

2）阳台的排水

阳台排水有外排水和内排水。外排水适用于低层建筑物，即在阳台外侧设置泄水管将水排出。内排水适用于多层建筑物和高层建筑物，即在阳台内侧设置排水立管和地漏，将雨水直接排入地下管网，保证建筑物的立面美观。

9.4.2　雨篷

通常雨篷设在房屋出入口的上方，以便雨天人们在出入口处作短暂停留时不被雨淋，并起到保护门和丰富建筑立面的作用，如图 9-47 所示。由于建筑的性质、出入口的大小和位置、地区气候特点，以及立面造型的要求等因素的影响，雨篷的形式可多种多样。

雨篷.mp4

雨篷.docx

图 9-47　各种形式的雨篷

　　雨篷多采用钢筋混凝土悬臂板，其悬挑长度一般为 1～1.5m，有板式和梁板式两种。为使雨篷底部平整，梁式雨篷的梁要反到上部，呈反梁结构，并在梁间预留排水孔。为防止雨篷产生倾覆，常将雨篷与入口处门上的过梁或圈梁浇在一起，如图 9-48 所示。

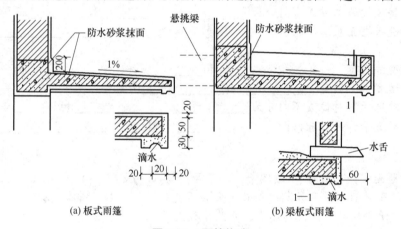

图 9-48　雨篷构造

雨篷构造.mp4

　　由于雨篷承受的荷载较小，因此雨篷板的厚度较薄，板外沿厚一般为 50～70mm。

　　雨篷的板面需做防水砂浆抹面，厚 20mm，为防止雨水沿墙边渗入室内，除尽量将过梁或圈梁与雨篷整浇在一起，并做在板的上部外，还需将防水砂浆抹面沿墙身抹至雨篷面上 200mm 处，以形成泛水。

　　近年来，金属和玻璃材料的雨篷得到了越来越广泛的应用，它具有设计灵活、轻巧美观等优点，对建筑入口的烘托和建筑立面的美化起到了很好的效果，如图 9-49 所示。

图 9-49　金属玻璃雨篷

本章小结

本章主要介绍了楼地面的构造组成和设计要求、楼板的构造做法和阳台雨棚等构造做法。楼板的构造有现浇钢筋混凝土楼板和预制钢筋混凝土楼板，还有阳台和雨篷的详细构造讲解。通过本章的学习，学生们能够掌握楼地面的基本构造做法，帮助学生更好地适应以后的学习和工作。

实训练习

一、填空题

1. 楼板按其所用的材料不同，可分为_____、_____、_____等。
2. 钢筋混凝土楼板按施工方式不同分为_____、_____和_____三种。
3. 楼地面的构造根据面层所用的材料可分为：_____、_____、_____、_____四大类。
4. 木地面的构造方式有_____、_____和_____三种。
5. 顶棚按其构造方式不同有_____和_____两大类。
6. 阳台按其与外墙的相对位置不同分为_____、_____、_____和_____等。
7. 吊顶棚主要有三个部分组成，即_____、_____和_____。

二、单选题

1. 现浇水磨石地面常嵌固分格条(玻璃条、铜条等)，其目的是( )。
   A. 防止面层开裂 B. 便于磨光　　 C. 面层不起灰　　　 D. 增添美观
2. ( )施工方便，但易结露、易起尘、导热系数大。
   A. 现浇水磨石地面　　　　　　 B. 水泥地面
   C. 木地面　　　　　　　　　　 D. 预制水磨石地面
3. 商店、仓库及书库等荷载较大的建筑，一般宜布置成( )楼板。
   A. 板式　　　　 B. 梁板式　　　 C. 井式　　　　 D. 无梁
4. 水磨石地面面层材料应为( )水泥石子浆。
   A. 1∶1.5　　 B. 1∶2　　　　 C. 1∶3　　　 D. A 或 B
5. 楼板层的隔声构造措施不正确的是( )。
   A. 楼面上铺设地毯　　　　　　 B. 设置矿棉毡垫层
   C. 做楼板吊顶处理　　　　　　 D. 设置混凝土垫层

三、简答题

1. 楼板层由哪些部分组成？各起到哪些作用？对楼板层设计的要求有哪些？
2. 现浇钢筋混凝土楼板具有哪些特点？有哪几种结构形式？现浇肋梁楼板构件的经济尺寸如何？
3. 常见地面可分哪几类？各种地面的构造如何？
4. 常见阳台有哪几种类型？在结构布置时应注意些什么问题？

第 9 章课后答案.docx

实训工作单

班级		姓名		日期	
教学项目		楼地面			
任务	掌握楼地面的构造做法		方式	现场参观记录、认知	
相关知识			建筑设计、施工技术、构造做法		
其他要求					

现场参观记录

评语			指导老师	

第 10 章　屋　顶

![wheelbarrow icon]【教学目标】

- 了解屋顶的作用、类型和设计要求。
- 掌握平屋顶的构造知识。
- 掌握坡屋顶的构造知识。
- 熟悉屋面的保温与隔热。

【教学要求】

第 10 章　屋顶.pptx

本章要点	掌握层次	相关知识点
屋顶的作用、类型和设计要求	1. 屋顶的作用与组成 2. 屋顶的类型 3. 屋顶的设计要求	屋顶
平屋顶	1. 平屋顶排水 2. 排水组织设计 3. 卷材和刚性防水屋面	平屋顶排水构造
坡屋顶	1. 坡屋顶排水 2. 坡屋顶构造	坡屋顶构造
屋顶的保温与隔热	1. 屋顶保温 2. 屋顶隔热	屋顶保温与隔热

【案例导入】

　　某大楼主楼结构为预应力框架结构，辅助配楼为框架结构。图纸设计屋面混凝土保护层只设钢丝网片一道，防水材料聚合物水泥基防水涂料属于刚性防水材料。屋面施工时面层保护层分格缝 12m×12m。该工程 2015 年 11 月 2 日竣工，2015 年 3 月交付业主使用。工程竣工当年在雨期时屋面局部发生渗漏。

【问题导入】

　　请结合本章的学习分析本项目的屋面防水设计存在的问题。

10.1　屋顶的作用、类型和设计要求

10.1.1　屋顶的作用与组成

1. 屋顶的作用

屋顶是建筑物最上部覆盖的外围护构件，其主要功能是用以抵御自然界的风、霜、雨雪、太阳辐射、气温变化和其他外界的不利因素，以使屋顶覆盖下有一个良好的使用空间。它既是围护构件，同时又起承重作用，它应能支承自重和作用在屋顶上的各种活荷载，如：风、霜、雪、雨及各种施工荷载。因此，要求屋

音频.屋顶的类型与组成.mp3

顶在构造设计时必须解决防水、保温、隔热以及隔音、防火等问题。此外，屋顶的形式对建筑物的造型有很大影响，在设计时应注意屋顶的美观。

2. 屋顶的组成

屋顶由屋面、屋顶承重结构、保温隔热层和顶棚组成。

1)　屋面

屋面是屋顶的面层，它直接承受大自然的侵袭并承受使用、施工和检修过程中加在上面的荷载。因此，屋面材料应具有一定的强度和很好的防水性能。还应考虑屋面能尽快排除雨水，就要有一定的坡度。坡度的大小与材料有关，不同的材料有不同的坡度，如图 10-1 所示。

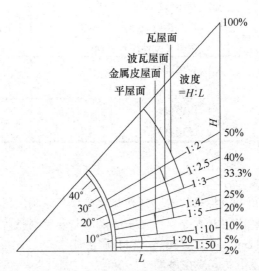

图 10-1　不同材质屋面适应的坡度

2)　屋顶承重结构

承重结构的类型很多，按材料分有木结构、钢筋混凝土结构、钢结构等。承重结构应承受屋面的活荷载、自重和其他加于屋顶的荷载，并将这些荷载传到支承它的承重墙或柱上。

3) 保温层、隔热层

屋顶的屋面材料和承重结构材料，保温和隔热性能都很差。在寒冷的北方必须加保温层，在炎热的南方则必须加设隔热层。保温层或隔热层大都是由一些轻质、多孔的材料做成的，通常设置在屋顶的承重结构层与面层之间，常用的材料有膨胀珍珠岩、膨胀蛭石、沥青珍珠岩、沥青蛭石、加气混凝土块、珍珠岩块体、蛭石块体等。

4) 顶棚

对于每个房间来说，顶棚就是房间的顶面；对于平房或楼房的顶层房间来说，顶棚也就是屋顶的底面。当屋顶结构的底面不符合使用要求时，就需要另做顶棚。顶棚结构一般吊挂在屋顶承重结构上，称为吊顶。顶棚结构也可单独设置在墙上、柱上，和屋顶不发生关系。

坡屋顶顶棚上的空间叫闷顶，当利用这个空间作为使用房间时，叫作阁楼。在南方可利用阁楼通风降温。

10.1.2 屋顶的类型

屋顶的类型很多，大体可以分为平屋顶、坡屋顶和其他形式的屋顶。各种形式的屋顶，其主要区别在于屋顶坡度的大小。而屋顶坡度又与屋面材料、屋顶形式、地理气候条件、结构选型、构造方法、经济条件等多种因素有关。

(1) 平屋顶：坡度<10%的屋顶，称为平屋顶，如图10-2所示。

(a) 挑檐　　　　(b) 女儿墙　　　　(c) 挑檐女儿墙　　　　(d) 录(盒)顶

图 10-2　平屋顶的形式

平屋顶.mp4　　　　平屋顶.docx　　　　坡屋顶.mp4　　　　坡屋顶.docx

(2) 坡屋顶：坡度在10%～100%的屋顶，称为坡屋顶，如图10-3所示。

   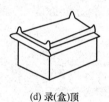

(a) 单坡顶　　　　(b) 硬山两坡顶　　　　(c) 悬山两坡顶　　　　(d) 四坡顶

图 10-3　坡屋顶的形式

(e) 卷棚顶　　　　　(f) 庑殿顶　　　　　(g) 歇山顶　　　　　(h) 圆攒尖顶

图 10-3　坡屋顶的形式(续)

(3) 其他形式的屋顶：这部分屋顶坡度变化大、类型多，大多应用于特殊的平面中。常见的有网架、悬索、壳体、折板等类型，如图 10-4 所示。

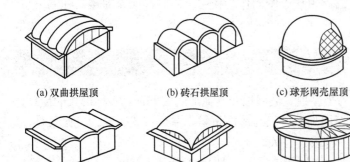

(a) 双曲拱屋顶　　(b) 砖石拱屋顶　　(c) 球形网壳屋顶　　(d) V形网壳屋顶

(e) 筒壳屋顶　　　(f) 扁壳屋顶　　　(g) 车轮形悬索屋顶　　(h) 鞍形悬索屋顶

其他屋顶.docx

图 10-4　其他形式的屋顶

10.1.3　屋顶的设计要求

1. 功能要求

屋顶为建筑物最上部外围护结构，主要抵御自然界风、雨、霜、雪、太阳辐射、气温变化的影响和预防火灾，形成良好的建筑空间和使用环境。因此，要解决好防水、保温、隔热等基本问题，其中防止雨水渗漏是设计的关键。

屋面防水功能主要是依靠选用合理的屋面防水盖料和与之相适应的排水坡度，经过构造设计和精心施工而达到的。屋面的防水盖料和排水坡度的处理方法，可以从"导"和"堵"两个方面来概括。它们之间是既相互依赖又相互补充的辩证关系。

1) 导

按照屋面防水盖料的不同要求，设置合理的排水坡度，使降于屋面的雨水，因势利导地排离屋面，达到防水的目的。

2) 堵

利用屋面防水盖料在上下左右的相互搭接，形成一个封闭的防水覆盖层，以达到防水的目的。

2. 结构要求

屋顶是建筑物上层的承重结构，要承受自身重量和屋顶上部的各种活荷载，同时也起着建筑物上部的水平支撑作用。应有足够的强度、刚度和整体空间的稳定性，保证其结构安全和防止结构变形造成防水层破裂、渗漏。

3. 建筑艺术要求

屋顶是建筑形体的重要组成部分，其形式直接影响到建筑造型和形体的完整、均衡。如我国传统建筑的重要特征之一就是屋顶外形的变化多样及其精美细致的装修，对建筑整体造型极具影响力。在现代建筑中同样应注意其形式的变化和细部设计，充分表达人们对建筑工艺、审美等方面的需求。

10.2 平 屋 顶

10.2.1 平屋顶排水

平屋顶是一种坡度很小的坡屋顶，一般坡度在 5%以内。排水方式可分为有组织排水和无组织排水两类。无组织排水是将层面做成挑檐，伸出檐墙，使屋面雨水经挑檐自由下落，排出屋面；有组织排水是利用屋面排水坡度，将雨水排到檐沟，汇入雨水口，再经雨水管排到地面。

1. 屋顶坡度的形成

平屋顶的常用坡度为 1%～3%，坡度的形成一般有材料找坡和结构找坡两种方式。

1) 材料找坡

材料找坡也称为垫置坡度或填。此时屋顶结构层为水平搁置的楼板，坡度是利用轻质找坡材料在水平结构层上的厚度差异形成的。常用的找坡材料有炉渣、蛭石、膨胀珍珠岩等轻质材料或在这些轻质材料中加适量水泥形成的轻质混凝土。在需设保温层的地区，可利用保温材料的铺放形成坡度。材料找坡形成的坡度不宜过大，否则会增大找坡层的平均厚度，导致屋顶自重加大。

2) 结构找坡

结构找坡也称为搁置坡度或撑坡。它是将屋面板搁置在有一定倾斜度的墙或梁上，直接形成屋面坡度。结构找坡不需要另做找坡材料层，屋面板以上各层构造层厚度不变，形成倾斜的顶棚。结构找坡省工省料、没有附加荷载、施工方便，适用于有吊顶的公共建筑和对室内空间要求不高的生产性建筑。

2. 排水方式

屋面的排水方式可分为无组织排水和有组织排水两大类。

1) 无组织排水

无组织排水又称自由落水，其屋面的雨水由檐口自由滴落到室外地面。无组织排水不必设置天沟、雨水管导流，构造简单、造价较低，但要求屋檐必须挑出外墙面，防止屋面雨水顺外墙面漫流影响墙体。无组织排水方式主要适用于雨量不大或一般非临街的低层建筑，如图 10-5 所示。

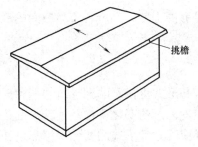

图 10-5　无组织排水

无组织排水.mp4

2)　有组织排水

　　有组织排水是将屋面划分为若干排水区域，按一定的排水坡度把屋面雨水有组织地排到檐沟或雨水口，再经雨水管流到散水或明沟中。有组织排水较无组织排水有明显的优点，有组织排水适用于年降雨量较大的地区或高度较大或较为重要的建筑。有组织排水可分为外排水和内排水两种方式，如图 10-6 和图 10-7 所示。

有组织排水.mp4

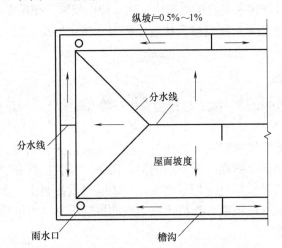

图 10-6　有组织内排水

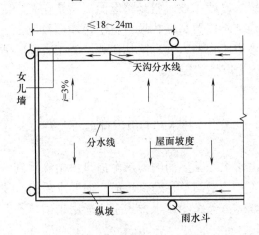

图 10-7　有组织外排水

10.2.2　屋顶的排水组织设计

　　屋顶排水组织设计的主要任务是将屋面划分成若干排水区，分别将雨水引向雨水管，做到排水线路简捷、雨水口负荷均匀、排水顺畅、避免屋顶积水而引起渗漏。

音频.屋顶排水组织
设计的要求.mp3

1. 确定排水坡面的数目

　　为避免水流路线过长，因雨水的冲刷而使防水层损坏，应合理地确定屋面排水坡面的数目。一般情况下，平屋顶屋面宽度小于 12 米时，可采用单坡排水方式；当宽度大于 12 米时，宜采用双坡排水方式，但临街建筑的临街面不宜设落水管时也可采用单坡排水方式。坡屋顶应结合建筑造型要求选择单坡、双坡或四坡排水。

2. 划分排水区

　　划分排水区的目的在于合理地布置落水管。排水区的面积是指屋面水平投影的面积，每一根落水管的屋面最大汇水面积不宜大于 200m。

3. 确定天沟所用材料和断面形式及尺寸

　　天沟即屋面上的排水沟，位于檐口部位时又称檐沟。设置天沟的目的是汇集屋面雨水，并将屋面雨水有组织地迅速排除。天沟根据屋顶类型的不同有多种做法，如坡屋顶中可用钢筋混凝土、镀锌铁皮、石棉水泥等材料做成槽形或三角形天沟。平屋顶的天沟一般用钢筋混凝土制作，当采用女儿墙外排水方案时，可利用倾斜的屋面与垂直的墙面构成三角形天沟。当采用檐沟外排水方案时，一般用钢筋混凝土现浇或预制而成，其断面尺寸应根据地区降雨量和江水面积的大小确定，天沟的净宽应不小于 200mm，沟底沿长度方向设置纵坡，坡向雨水口，天沟、檐沟纵向坡度不应小于 1%，沟底水落差不得超过 200mm，天沟上口与分水线的距离应不小于 120mm。天沟、檐沟排水不得流经变形缝和防火墙。

4. 确定水落管所用材料、大小及间距

　　落水管按材料的不同有铸铁、镀锌铁皮、塑料、石棉水泥和陶土等，目前多采用铸铁和塑料落水管。其直径有 50mm、75 mm、100mm、125 mm、150 mm 和 200mm 几种规格，一般民用建筑最常用的落水管直径为 100mm。面积较小的露台或阳台可采用 50 mm 或 75mm 的落水管。落水管的位置应在实墙面处，其间距一般在 18 m 以内，最大间距不宜超过 24m，因为间距越大，沟底纵坡面越长，会使沟内的垫坡材料增厚，从而减少天沟的容水量，造成雨水溢向屋面引起渗漏或从檐沟外侧涌出。排水口距女儿墙端部(山墙)不宜小于 500mm，雨水管下口距散水的高度不应大于 200mm。

10.2.3　卷材防水屋面构造

1. 防水卷材的类型

1) 沥青类防水卷材

沥青类防水卷材是用原纸、纤维织物(如玻璃丝布、玻璃纤维布、麻布)等为胎体浸渍沥

青而成的卷材，如传统石油沥青油毡(纸胎)。

    2)   高聚物改性沥青类防水卷材

高聚物改性沥青类防水卷材是以合成高分子聚合物改性沥青为涂盖层，纤维织物或纤维毡为胎体的卷材。这种卷材克服了沥青类卷材温度敏感性大、延伸率小的缺点，具有高温不流淌、低温不脆裂、抗拉强度高的优点，能够较好地适应基层开裂及伸缩变形的要求。目前国内使用较广泛的品种有 SBS、APP、PVC 改性沥青卷材和再生胶改性沥青卷材。

    3)   合成高分子类防水卷材

合成高分子类防水卷材是指以合成橡胶、合成树脂或两者的混合体为基料加入适量化学助剂和填充料而制成的卷材。该类卷材具有拉伸强度高，断裂伸长率大，抗撕裂强度高(抗拉强度达到 2～18.2MPa)，耐热性能好，低温柔性大(适用温度在-20℃～80℃)，耐老化及可以冷施工等优点，目前属于高档防水卷材。我国使用的品种有三元乙丙橡胶、聚氯乙烯、氯化聚乙烯等防水卷材。

    2. 卷材防水屋面构造层

按各自作用的不同，卷材防水屋面的构造层次又可细分为找平层、结合层、防水层和保护层和辅助构造层(如保温层、隔热层、隔蒸汽层、找坡层等)，如图 10-8 所示。

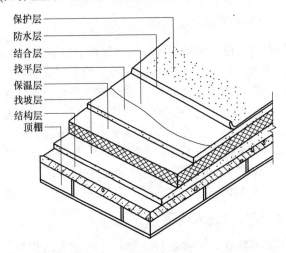

图 10-8   卷材防水屋面构造组成

    1)   找平层

为防止防水卷材铺设时凹陷、断裂，故首先应在屋面板结构层上或松软的保温层上设置一坚固平整的基层，称其为找平层。找平层一般常采用 1∶3 水泥砂浆，也可用 1∶8 沥青砂浆，厚度视表面平整度而定，常用值为 15～30mm。因卷材平整密实铺设在找平层上，为防止找平层由于干缩、温度、受力等原因，产生变形开裂而波及卷材防水层，找平层应设分格缝。缝距不大于 6m，缝宽为 20mm。当屋面板采用预制装配式时，分格缝应设置在板端缝处，并在缝上增设一层宽约 30mm 卷材，单边粘贴，使分格缝处的卷材有一定的伸缩余地，以避免开裂，如图 10-9 所示。

    2)   结合层

结合层是为使卷材与基层牢固胶结而涂刷的基层处理剂。沥青类卷材常用冷底子油做结合层；改性沥青卷材常用改性沥青黏结剂；高分子卷材常用配套处理剂，有时也可采用冷底子油或乳化沥青做结合层。

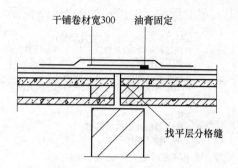

图 10-9　卷材防水分隔缝的设置

3）　防水层

由于沥青类卷材防水层构造较为典型，本节主要以其为例介绍防水层做法。首先待找平层干燥后，上刷冷底子油一道，将熬制好的沥青胶均匀地刮涂在找平层上，厚度约 1mm，边刮涂边铺设油毡，然后再刮涂沥青胶再铺油毡，交替进行，直到设计层数为止，最后再刮涂一层沥青胶。一般民用建筑防水层应铺设三层沥青油毡、四遍沥青胶，称为三毡四油，如图 10-10 所示。

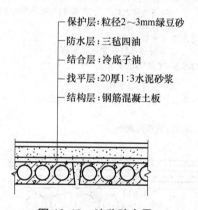

图 10-10　油毡防水层

4）　保护层

设置保护层的目的是保护防水层，使卷材不致因光照和气候等的作用迅速老化，卷材的沥青因过热而流淌或受到暴雨的冲刷。保护层的构造做法视屋面的利用情况而定。对于不上人屋面，沥青油毡防水屋面一般在防水层上撒粒径 3～5mm 的小石子作为保护层，称为绿豆砂保护层；高分子卷材防水屋面通常是在卷材面上涂刷水溶型或溶剂型的浅色保护着色剂，如氯丁银粉胶等，如图 10-11 所示。

上人屋面的保护层又是楼面面层，故要求保护层必须平整耐磨。做法通常是用沥青砂浆铺贴缸砖、大阶砖、混凝土板等块材，或在防水层上现浇 30～40mm 厚的细石混凝土。块材或整体护层均应设分格缝，位置在屋顶坡面的转折处，屋面与突出屋面的女儿墙、烟囱等的交接处。保护层分格缝应尽量与找平层分格缝错开，缝内用防水油膏嵌封。上人屋

面做屋顶花园时，花池、花台等构造均应在屋面保护层上设置。为防止块材或整体屋面由于温度变形将油毡防水层拉裂，宜在保护层与防水层之间设置隔离层。隔离层可采用低强度砂浆或干铺一层油毡。上人屋面保护层的做法如图10-12所示。

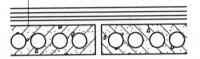

图 10-11　不上人的卷材防水屋面做法

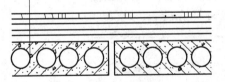

图 10-12　上人的卷材防水屋面做法

5)　辅助构造层

辅助构造层是为了满足房屋使用功能而设置的构造层，如保温层、隔热层、隔声层、隔蒸汽层、找坡层等。

10.2.4　刚性防水屋面构造

刚性防水屋面是以细石混凝土做防水层的屋面。刚性防水屋面主要适用于防水等级为Ⅱ级的屋面防水，也可用作Ⅰ、Ⅱ级屋面多道防水设防中的一道防水层。刚性防水屋面要求基层变形小，一般只适用于无保温层的屋面，因为保温层多采用轻质多孔材料，其上不宜进行浇筑混凝土的湿作业。此外，刚性防水屋面也不宜用于高温、有振动和基础有较大不均匀沉降的建筑。选择刚性防水设计方案时，应根据屋面防水设防要求、地区条件和建筑结构特点等因素，经技术、经济比较确定。

1. 刚性防水屋面构造层次

刚性防水屋面的构造一般有结构层、找平层、隔离层、防水层等，如图 10-13 所示。刚性防水屋面应采用结构找坡，坡度宜为 2%～3%。

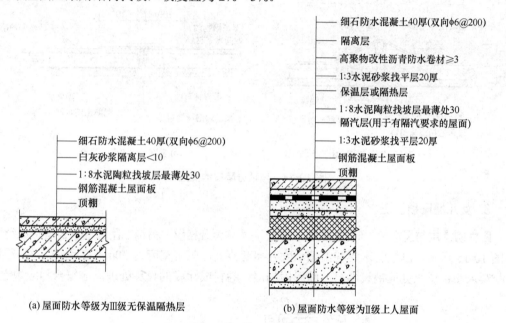

（a）屋面防水等级为Ⅲ级无保温隔热层　　　　　（b）屋面防水等级为Ⅱ级上人屋面

图 10-13　刚性防水屋面构造做法

(1) 结构层：一般采用预制或现浇的钢筋混凝土屋面板。

(2) 找平层：当结构层为预制钢筋混凝土屋面板时，其上应用 1∶3 水泥砂浆做找平层，厚度为 20mm。若屋面板为整体现浇混凝土结构时，则可不设找平层。

(3) 隔离层：细石混凝土防水层与基层间宜设置隔离层，使其上下分离以适应各自的变形，减少结构变形对防水层的不利影响。隔离层可采用干铺塑料膜、土工布或卷材，也可采用铺抹低强度等级的砂浆。

(4) 防水层：采用不低于 C20 的细石混凝土整体现浇而成，其厚度不应小于 40mm。为防止混凝土开裂，可在防水层中配直径 4～6mm、间距 100～200mm 的双向钢筋网片，钢筋网片在分格缝处应断开，钢筋的保护层厚度不应小于 10mm。防水层的细石混凝土宜掺外加剂(膨胀剂、减水剂、防水剂)以及掺合料、钢纤维等材料，并应用机械搅拌和机械振捣。

2. 分格缝

分格缝是防止屋面不规则裂缝以适应屋面变形而设置的人工缝。分格缝应设置在屋面年温差变形的许可范围内和结构变形敏感的部位。分格缝服务的面积宜控制在 $15～25m^2$ 左右，间距控制在 3～6m 为好，分格缝纵横边长比不宜超过 1∶1.5。在预制屋面板为基层的防水层，分格缝应设在屋面板的支承端、屋面转折处、防水层与突出屋面结构的交接处，并应与板缝对齐。对于长条形房屋，进深在 10m 以下者，可在屋脊设纵向缝；进深大于 10m 者，最好在坡中某一板缝上再设一道纵向分仓缝。

普通细石混凝土和补偿收缩混凝土防水层，分格缝的宽度宜为 5～30mm，分格缝内应嵌填密封材料，上部应设置保护层，为了有利于伸缩，缝内一般用油膏嵌缝，厚度约 20～30mm。为不使油膏下落，缝内用弹性材料如泡沫塑料或沥青麻丝填底，如图 10-14 所示。

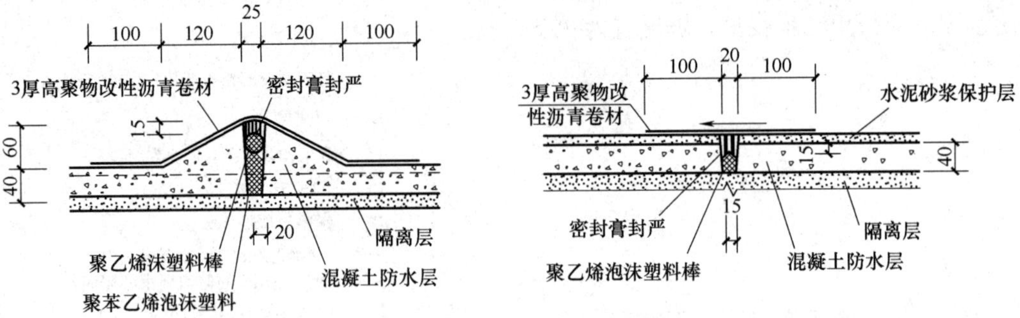

(a) 平行于水流方向的缝　　(b) 垂直于水流方向的缝

图 10-14　屋顶分隔缝的做法

3. 女儿墙压顶及泛水

刚性防水层与屋面突出物(女儿墙、烟囱等)间须留分格缝，另铺贴附加卷材盖缝形成泛水，如图 10-15 所示。刚性防水层与山墙、女儿墙交接处，应留宽度为 30mm 的缝隙，并应用密封材料嵌填；泛水处应铺设卷材或涂膜附加层。卷材或涂膜的收头处理，应符合相应规定。

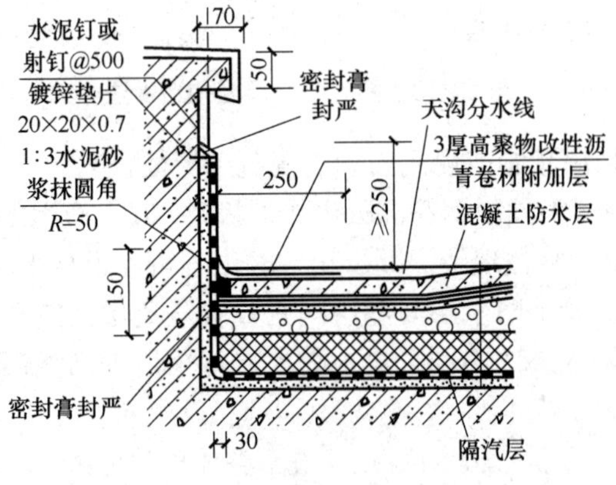

图 10-15　女儿墙压顶及泛水构造做法

10.3　坡　屋　顶

10.3.1　坡屋顶排水

1. 木望板平瓦屋面

木望板平瓦屋面是在檩条或椽木上钉木望板，木望板上干铺一层油毡，用顺水条固定后，再钉挂瓦条挂瓦所形成的屋面，如图 10-16 所示。

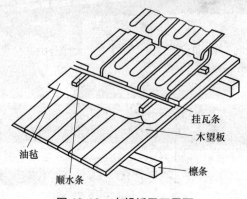

图 10-16　木望板平瓦屋面

音频.屋顶坡度的形成方法.mp3

2. 平瓦屋面的排水方式和构造

1)　纵墙檐口

(1)　无组织排水檐口。

当坡屋顶采用无组织排水时，应将屋面伸出纵墙形成挑檐，挑檐的构造做法有砖挑檐、椽条挑檐、挑檐木挑檐和钢筋混凝土挑板挑檐等，如图 10-17 所示。

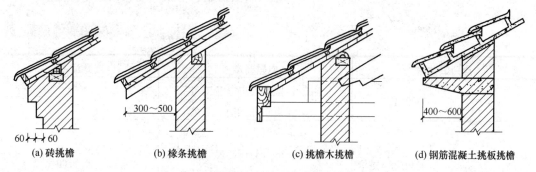

(a) 砖挑檐　　(b) 椽条挑檐　　(c) 挑檐木挑檐　　(d) 钢筋混凝土挑板挑檐

图 10-17　无组织排水

(2)　有组织排水檐口。

当坡屋顶采用有组织排水时，一般多采用外排水，需在檐口处设置檐沟，檐沟的构造形式一般有钢筋混凝土挑檐沟和女儿墙内檐沟两种，如图 10-18 所示。

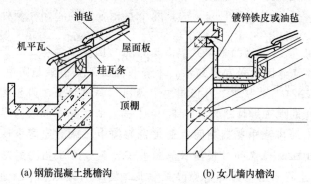

(a) 钢筋混凝土挑檐沟　　　　(b) 女儿墙内檐沟

图 10-18　有组织排水

2) 山墙檐口

双坡屋顶山墙檐口的构造有硬山和悬山两种。

(1) 硬山。

硬山是将山墙升起包住檐口，女儿墙与屋面交接处应做泛水，一般用砂浆黏结小青瓦或抹水泥石灰麻刀砂浆泛水，如图 10-19 所示。

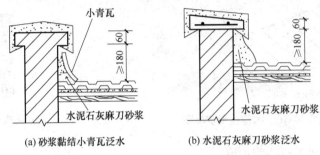

(a) 砂浆黏结小青瓦泛水 (b) 水泥石灰麻刀砂浆泛水

图 10-19　硬山示意图

(2) 悬山。

悬山是将檩条伸出山墙挑出，上部的瓦片用水泥石灰麻刀砂浆抹出披水线，进行封固，如图 10-20 所示。

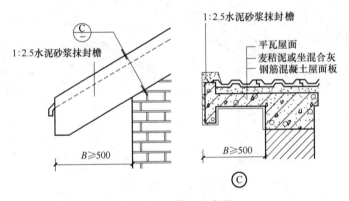

图 10-20　悬山示意图

(3) 屋脊、天沟和斜沟排水构造。

互为相反的坡面在高处相交形成屋脊，屋脊处应用 V 形脊瓦盖缝，如图 10-21(a)所示。在等高跨和高低跨屋面相交处会形成天沟，两个互相垂直的屋面相交处会形成斜沟。天沟和斜沟应保证有一定的断面尺寸，上口宽度应为 300～500mm，沟底一般用镀锌铁皮铺于木基层上，镀锌铁皮两边向上压入瓦片下至少 150mm，如图 10-21(b)所示。

3. 压型钢板屋面的细部构造

1) 压型钢板屋面无组织排水檐口

当压型钢板屋面采用无组织排水时，挑檐板与墙板之间应用封檐板密封，以提高屋面的围护效果，如图 10-22 所示。

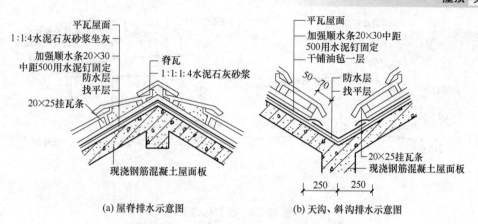

(a) 屋脊排水示意图　　　　　　(b) 天沟、斜沟排水示意图

图 10-21　屋脊、天沟、斜沟排水示意图

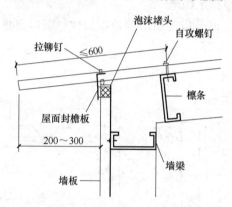

图 10-22　压型钢板屋面无组织排水檐口

2)　压型钢板屋面有组织排水檐口

当压型钢板屋面采用有组织排水时，应在檐口处设置檐沟。檐沟可采用彩板檐沟或钢板檐沟，当用彩板檐沟时，压型钢板应伸入檐沟内，其长度一般为 150mm，如图 10-23 所示。

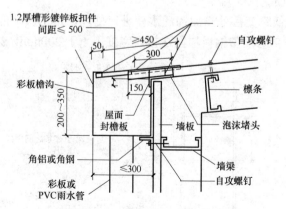

图 10-23　压型钢板屋面有组织排水檐口

3)　压型钢板屋面屋脊排水构造

压型钢板屋面屋脊构造分为双坡屋脊和单坡屋脊，如图 10-24 所示。

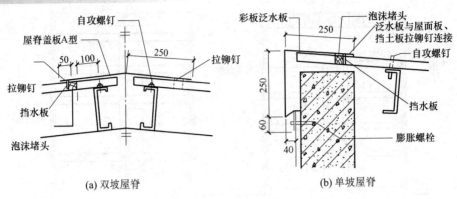

(a) 双坡屋脊　　　　　　　　(b) 单坡屋脊

图 10-24　屋脊构造图

4)　压型钢板屋面山墙排水构造

压型钢板屋面与山墙之间一般用山墙包角板整体包裹，包角板与压型钢板屋面之间用通长密封胶带密封，如图 10-25 所示。

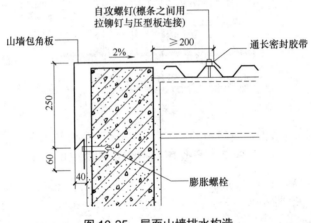

图 10-25　屋面山墙排水构造

5)　压型钢板屋面高低跨排水构造

压型钢板屋面高低跨交接处，加铺泛水板进行处理，泛水板上部与高侧外墙连接，高度不小于 250mm，下部与压型钢板屋面连接，宽度不小于 200mm，如图 10-26 所示。

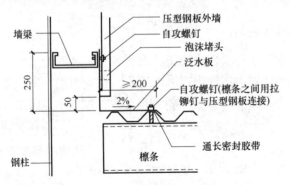

图 10-26　高低跨排水构造

10.3.2 坡屋顶构造

所谓坡屋顶，是指屋面坡度在 10%以上的屋顶。与平屋顶相比较，坡屋顶的屋面坡度大，因而其屋面构造及屋面防水方式均与平屋顶不同。坡屋面的屋面防水常采用构件自防水方式，屋面构造层次主要由屋顶天棚、承重结构层及屋面面层组成。

1. 坡屋面的类型

1) 平瓦屋面

平瓦有水泥瓦和黏土瓦两种，其外形按防水及排水要求设计制作，平瓦的外形尺寸约为 400mm×230mm，其在屋面上的有效覆盖尺寸约为 330mm×200mm，每平方米屋面约需15 块瓦。

平瓦屋面的主要优点是瓦本身具有防水性，不需特别设置屋面防水层，瓦块间搭接构造简单，施工方便。其缺点是屋面接缝多，如不设屋面板，雨、雪易从瓦缝中飘进，造成漏水。为保证有效排水，瓦屋面坡度不得小于 1∶2。在屋脊处需盖上鞍形脊瓦，在屋面天沟下需放上镀锌铁皮，以防漏水。平瓦屋面的构造方式有下列几种。

(1) 有橡条、有屋面板平瓦屋面。在屋面檩条上放置橡条，橡条上稀铺或满铺厚度在 8~12mm 的木板(稀铺时在板面沙锅内还可铺芦席等)，板面(或芦席)上方平行于屋脊方向铺干油毡一层，钉顺水条和挂瓦条，安装机制平瓦。采用这种构造方案，屋面板受力较小，因而厚度较薄。

(2) 屋面板平瓦屋面。在檩条钉厚度 15~25mm 的屋面板(板缝不超过 20mm)平行于屋脊方向铺油毡一层，钉顺水条和挂瓦条，安装机制平瓦。这种方案屋面板与檩条垂直布置，为受力构件因而厚度较大。

2) 冷摊瓦屋面

这是一种构造简单的瓦屋面，在檩条上钉断面 35mm×60mm，中距 500mm 的橡条，在橡条上钉挂瓦条(注意挂瓦条间距符合瓦的标志长度)，在挂瓦条上直接铺瓦。由于构造简单，它只用于简易或临时建筑。

3) 波形瓦屋面

波形瓦屋面包括水泥石棉波形瓦、钢丝网水泥瓦、玻璃钢瓦、钙塑瓦、金属钢板瓦、石棉菱苦土瓦等。根据波形瓦的波形大小可分为大波瓦、中波瓦和小波瓦三种。波形瓦具有重量轻、耐火性能好等优点，但易折断，强度较低。

4) 小青瓦屋面

小青瓦屋面在我国传统房屋中采用较多，目前有些地方仍然采用。小青瓦断面呈弧形，尺寸及规格不统一。铺设时分别将小青瓦仰俯铺排，覆盖成垄。仰俯瓦成沟，俯铺瓦盖于仰铺瓦纵向交接处，与仰铺瓦间搭接瓦长 1/3 左右。上下瓦间的搭接长在少雨地区为搭六露四，在多雨区为搭七露三。小青瓦可以直接铺设于橡条上，也可铺于望板(屋面板)上。

2. 坡屋面的细部构造

1) 檐口

坡屋面的檐口式样有两种：一是挑出檐，要求挑出部分的坡度与屋面坡度一致；另一

种是女儿墙檐口，要做好女儿墙内侧的防水，以防渗漏。

2) 砖挑檐

砖挑檐一般不超过墙体厚度的 1/2，且把大于 240mm。每层砖挑长为 60mm，砖可平挑出，也可把砖斜放，用砖角挑出，挑檐砖上方瓦伸出 50mm。

3) 椽木挑檐

当屋面有椽木时，可以用椽木出挑，以支承挑出部分的屋面。挑出部分的椽条，外侧可钉封檐板，底部可钉木条并油漆。

4) 屋架端部附木挑檐或挑檐木挑檐

如需要较大挑长的挑檐，可以沿屋架下弦伸出附木，支承挑出的檐口木，并附木外侧面钉封檐板，在附木底部做檐口吊顶。对于不设屋架的房屋，可以在其横向承重墙内压砌砖挑檐木并外挑，用挑檐木支承挑出的檐口。

5) 钢筋混凝土挑天沟

当房屋屋面集水面积大、檐口高度高、降雨量大时，坡屋面的檐口可设钢筋混凝土天沟，并采用有组织排水。

6) 山墙

双坡屋面的山墙有硬山和悬山两种。硬山是指山墙与屋面等高或高于屋面成女儿墙。悬山是把屋面挑出山墙之外。

7) 斜天沟

坡屋面的房屋平面形状有凸出部分，屋面上会出现斜天沟。构造上常采用镀锌铁皮折成槽状，依势固定在斜天沟下的屋面板上，以做防水层。

8) 烟筒泛水构造

烟筒四周应做泛水，以防雨水的渗漏。一种做法是镀锌铁皮泛水，将镀锌铁皮固定在烟筒四周的预埋件上，向下披水。在靠近屋脊的一侧，铁皮伸入瓦下，在靠近檐口的一侧，铁皮盖在瓦面上。另一种做法是用水泥砂浆或水泥石灰麻刀砂浆做抹灰泛水。

9) 檐沟和落水管

坡屋面房屋采用有组织排水时，需在檐口处设檐沟，并布置落水管。坡屋面排水计算、落水管的布置数量、落水管、雨水斗、落水口等要求同平屋顶有关要求。坡屋面檐沟和落水管可用镀锌铁皮、玻璃钢、石棉水泥管等材料。

3. 坡屋顶的承重结构

1) 硬山搁墙

横墙间距较小的坡屋面房屋，可以把横墙上部砌成三角形，直接把檩条支承在三角形横墙上，叫作硬山搁檩。

檩条可用木材、预应力钢筋混凝土、轻钢桁架、型钢等材料。檩条的斜距不得超过 1.2m。木质檩条常选用Ⅰ级杉圆木，木檩条与墙体交接段应进行防腐处理，常用的方法是在山墙上垫上油毡一层，并在檩条端部涂刷沥青，如图 10-27 所示。

2) 屋架及支撑

当坡屋面房屋内部需要较大空间时，可把部分横向山墙取消，用屋架作为承重构件。坡屋面的屋架多为三角形(分豪式和芬克式两种)。屋架可选用木材(Ⅰ级杉圆木)、型钢(角钢或槽钢)制作，也可用钢木混合制作(屋架中受压杆件为木材，受拉杆件为钢材)，或钢筋混凝土制作。若房屋内部有一道或两道纵向承重墙，可以考虑选用三点支承或四点支承屋架，如图 10-28 所示。

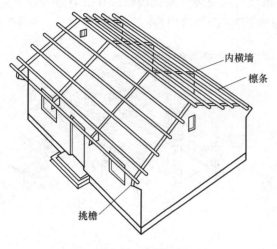

硬山搁墙.mp4

图 10-27　硬山搁墙构造

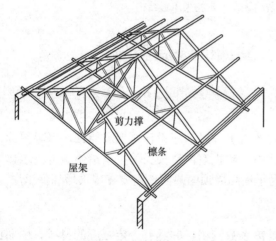

屋架及支撑.mp4

图 10-28　屋架及支撑

　　为了防止屋架的倾覆，提高屋架及屋面结构的空间稳定性，屋架间要设置支撑。屋架支撑主要有垂直剪刀撑和水平系杆等。

　　当房屋的平面有凸出部分时，屋面承重结构有两种做法。当凸出部分的跨度比主体跨度小时，可把凸出部分的檩条搁置在主体部分屋面檩条上，也可在屋面斜天沟处设置斜梁，把凸出部分檩条搭接在斜梁上。当凸出部分跨度比主体部分跨度大时，可采用半屋架。半屋架的一端支承在外墙上，另一端支承在内墙上；当无内墙时，支承在中间屋架上。对于四坡形屋顶，当跨度较小时，在四坡屋顶的斜屋脊下设斜梁，用于搭接屋面檩条；当跨度较大时，可选用半屋架或梯形屋架，以增加斜梁的支承点。

　　3)　木构架承重

　　木构架结构是我国古代建筑的主要结构形式，它一般由立柱和横梁组成屋顶和墙身部

分的承重骨架，檩条把一排排梁架联系起来形成整体骨架，如图 10-29 所示。

这种结构形式的内外墙填充在木构架之间，不承受荷载，仅起分隔和围护作用。构架交接点为榫齿结合，整体性及抗震性较好；但消耗木材量较多，耐火性和耐久性均较差，维修费用高。

木构架承重结构.mp4

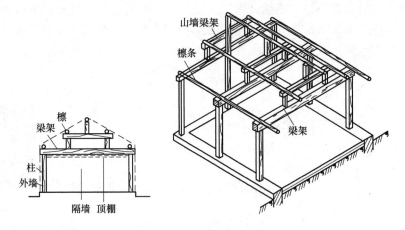

图 10-29　木构架承重结构

10.4　屋顶的保温与隔热

10.4.1　屋顶保温

在寒冷地区或装有空调设备的建筑中，屋顶应设计成保温屋顶。保温屋顶按稳定传热原理来考虑热工问题。在墙体设计中，防止室内热损失的主要措施是提高墙体的热阻，这一原则同样适用于屋顶的保温。为了提高屋顶的热阻，需要在屋顶增加保温层。

1. 保温材料的类型

保温材料应选用吸水率低、导热系数较小，并具有一定强度的材料。屋面保温材料一般为轻质多孔材料，分为以下三种类型。

1) 松散保温材料

常用的有膨胀蛭石[粒径 3~15mm，堆积密度应小于 300kg/m³，导热系数应小于 0.14W/(m·K)]、膨胀珍珠岩、炉渣、矿棉等。

2) 板块材保温材料

板块材保温材料如加气混凝土板、泡沫混凝土板、膨胀珍珠岩板、膨胀蛭石板、矿棉板、岩棉板、泡沫塑料板、木丝板、刨花板、甘蔗板等。其中最常用的是加气混凝土板和泡沫混凝土板。泡沫塑料板价格较贵，只在高级工程中采用。植物纤维板只有在通风条件良好、不易腐烂的情况下采用才比较适宜。

3) 现浇轻质混凝土保温材料

如泡沫混凝土、陶粒混凝土、水泥膨胀珍珠岩、水泥膨胀蛭石等。

对上述保温材料的选用，应结合工程造价、铺设的具体部位等因素加以考虑。

2. 平屋顶的保温构造

平屋顶保温层通常放在防水层之下，结构层之上。如图 10-30 所示为平屋顶保温构造。保温油毡屋面与非保温油毡屋面有所不同的是增加了保温层和保温层上下的找平层和隔气层。因为保温层强度较低，表面不够平整，故在其上必须找平后才能铺防水层。保温层下面设隔气层是因为冬季室内温度高于室外，热气流从室内向室外渗透，空气中的水蒸气随着热气流上升，从屋面板的孔隙渗透进保温层，冷凝后存于保温材料中。然而水的导热系数比空气大得多，一旦多孔隙的保温材料中浸入了水，便会大大降低其保温效果。另外，气温上升时窝存于保温材料中的水遇热后转化为蒸汽，体积大大膨胀，会造成油毡防水层起鼓甚至开裂。基于上述这两个原因，宜在保温层下铺设隔蒸汽层，通常的做法是一毡二油。

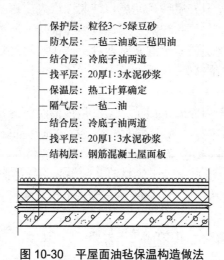

图 10-30 平屋面油毡保温构造做法

3. 坡屋顶保温构造

坡屋顶的保温层一般布置在瓦格与檩条之间或吊顶棚上面，如图 10-31 所示。保温材料可根据工程具体要求选用松散材料、块体材料或现浇材料。在一般的小青瓦屋面中，常采用基层上铺一层厚厚的黏土稻草泥作为保温层，将小青瓦片黏结在该层上，如图 10-31(a) 所示。在平瓦屋面中，可将保温材料填充在檩条之间，如图 10-31(b) 所示。

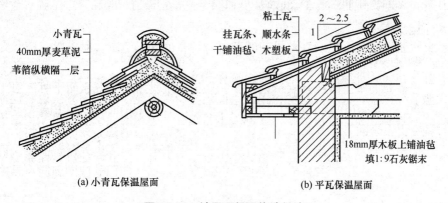

(a) 小青瓦保温屋面　　　　(b) 平瓦保温屋面

图 10-31 坡屋顶保温构造做法

10.4.2　屋顶隔热

在夏季太阳辐射和室外气温的综合作用下，从屋顶传入室内的热量要比从墙体传入室内的热量多得多。在多层建筑中，顶层房间占有很大比例，屋顶的隔热问题应予以认真考虑。我国南方地区的建筑屋面隔热尤为重要，应采取适当的构造措施解决屋顶的降温和隔热问题。

屋顶隔热降温的基本原理是减少直接作用于屋顶表面的太阳辐射热量。所采用的主要构造方式有屋顶间层通风隔热、屋顶蓄水隔热、屋顶植被隔热、屋顶反射阳光隔热等。

1. 屋顶间层通风隔热

通风隔热就是在屋顶设置架空通风间层，使其上层表面遮挡阳光辐射，同时利用风压和热压作用把间层中的热空气不断带走，使通过屋面板传入室内的热量大为减少，从而达到隔热降温的目的。通风间层的设置通常有两种方式：一种是在屋面上做架空通风隔热间层，另一种是利用吊顶棚内的空间做通风间层。

1) 架空通风隔热间层

架空通风隔热间层设于屋面防水层上，架空层内的空气可以自由流动，这样一方面可以利用架空的面层遮挡直射阳光，另一方面架空层内被加热的空气与室外冷空气产生对流，将层内的热量源源不断地排走，从而达到降低室内温度的目的。

架空通风层通常用砖、瓦、混凝土等材料及制品制作，如图 10-32 所示。

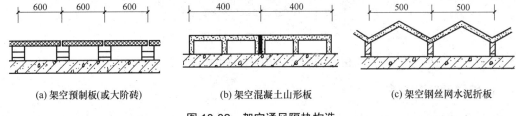

| (a) 架空预制板(或大阶砖) | (b) 架空混凝土山形板 | (c) 架空钢丝网水泥折板 |

图 10-32　架空通风隔热构造

2) 顶棚通风隔热

利用顶棚与屋面间的空间做通风隔热层可以起到架空通风层同样的作用。如图 10-33 所示是几种常见的顶棚通风隔热屋面构造示意。

2. 屋顶蓄水隔热

蓄水隔热屋面利用平屋顶所蓄积的水层来达到屋顶隔热的目的。在太阳辐射和室外气温的综合作用下，水能吸收大量的热而由液体蒸发为气体，从而将热量散发到空气中，减少了屋顶吸收的热能，起到隔热的作用。水面还能反射阳光，减少阳光辐射对屋面的热作用。此外，水层长期将防水层淹没，使混凝土防水层处于水的养护下，可减少由于温度变化引起的开裂和防止混凝土的碳化，并使诸如沥青和嵌缝胶泥之类的防水材料在水层的保护下推迟老化延长使用年限。总体来说，蓄水屋面具有既能隔热又能延长防水层使用寿命等优点。

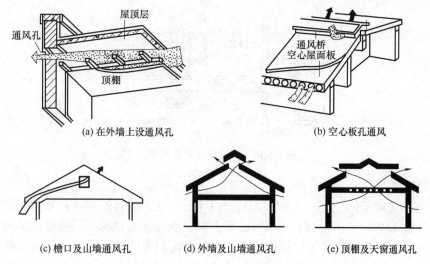

(a) 在外墙上设通风孔   (b) 空心板孔通风

(c) 檐口及山墙通风孔   (d) 外墙及山墙通风孔   (e) 顶棚及天窗通风孔

图 10-33 　常见的顶棚通风隔热屋面示意图

　　我国南方部分地区也有采用深蓄水屋面做法的，其蓄水深度可达 600～700mm，视各地气象条件而定。采用这种做法是出于水源完全由天然降雨提供，不需人工补充水的考虑。为了保证池中蓄水不致干涸，蓄水深度应大于当地气象资料统计提供的历年最大雨水蒸发量，也就是说，蓄水池中的水即使在连晴高温的季节也能保证不干。深蓄水屋面的主要优点是不需人工补充水，管理便利，池内还可养鱼增加收入。但这种屋面的荷载很大，超过一般屋面板承受的荷载。为确保结构安全，应单独对屋面结构进行设计。

3. 屋顶植被隔热

　　植被隔热是在平屋顶上种植植物，借助栽培介质隔热及植物吸收阳光进行光合作用和遮挡阳光的双重功效来达到降温隔热的目的。植被隔热根据栽培介质层构造方式的不同可分为一般植被隔热和蓄水植被隔热两类。

　　1) 一般植被隔热屋面

　　一般植被隔热屋面是在屋面防水层上直接铺填种植介质，栽培各种植物，其构造要点如下。

　　(1) 选择适宜的种植介质。

　　为了不过多地增加屋面荷载，宜尽量选用轻质材料作栽培介质，常用的有谷壳、蛭石、陶粒、泥碳等，即所谓的无土栽培介质。近年来，还有以聚苯乙烯、尿甲醛、聚甲基甲酸酯等合成材料泡沫或岩棉，聚丙烯腈絮状纤维等作栽培介质的，其重量更轻，耐久性和保水性更好。为了降低成本，也可以在发酵后的锯末中掺入约 30%体积比的腐殖土作栽培介质，但密度较大，需对屋面板进行结构验算，且容易污染环境。

　　(2) 种植床的做法。

　　种植床又称苗床，可用砖或加气混凝土来砌筑床埂。床埂最好砌在下部的承重结构上，内外用 1∶3 水泥砂浆抹面，高度宜大于种植层 60mm 左右。每个种植床应在其床埂的根部设不少于两个泄水孔，以防种植床内积水过多造成植物烂根。为避免栽培介质的流失，泄水处也需设滤水网，滤水网可用塑料网或塑料多孔板、环氧树脂涂覆的铁丝网等制作，如图 10-34 所示。

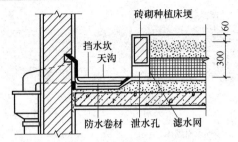

图 10-34　种植屋面构造示意图

(3)　种植屋面的排水和给水。

一般种植屋面应有一定的排水坡度(1%～3%)，以便及时排除积水。通常在靠屋面低侧的种植床与女儿墙间应留出 300～400mm 的距离，利用所形成的天沟有组织排水。如采用含泥砂的栽培介质，屋面排水口处设挡水坎，以便沉积水中的泥砂，这种情况要求合理地设计屋面各部位的标高，如图 10-35 所示。种植层的厚度一般都不大，为了防止久晴天气苗床内干涸，宜在每一种植分区内设给水阀一个，供人工浇水之用。

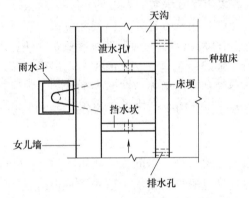

图 10-35　种植屋面设置的挡水坎

(4)　种植屋面的防水层。

种植屋面可以采用一道或多道(复合)防水设防，但最上面一道应为刚性防水层，要特别注意防水层的防蚀处理。防水层上的分格缝可用一布四涂盖缝，分格缝的嵌缝油膏应选用耐腐蚀性能好的。不宜种植根系发达、对防水层有较强侵蚀作用的植物，如松、柏、榕树等。

(5)　注意安全防护问题。

种植屋面是一种上人屋面，需要经常进行人工管理(如浇水、施肥、栽种)，因而屋顶四周应设女儿墙等作为护栏以利安全。护栏的净保护高度不宜小于 1m，如屋顶栽有较高大的树木或设有藤架时，还应采取适当的紧固措施以免被风刮倒伤人。

2)　蓄水种植隔热屋面

蓄水种植隔热屋面是将一般种植屋面与蓄水屋面结合起来，其基本构造层次如图 10-36 所示，以下分别介绍其构造要点。

(1)　防水层。

蓄水种植屋面由于有一蓄水层，所以防水层应采用复合防水设施方式，以确保防水质量。

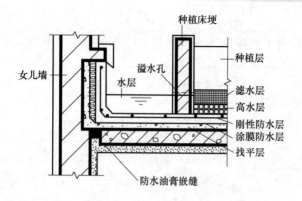

图 10-36 蓄水种植屋面构造做法

(2) 蓄水层。

种植床内的水层靠轻质多孔粗骨料蓄积，粗骨料的粒径不应小于 25mm，蓄水层(包括水和粗骨料)的深度不应超过 60mm。种植床以外的屋面也可蓄水，深度与种植床内相同。

(3) 滤水层。

考虑到保持蓄水层的畅通，不致被杂质堵塞，应在粗骨料的上面铺 60～80mm 厚的细骨料滤水层。

(4) 种植层蓄水种植屋面的构造层次较多，为尽量减轻屋面板的荷载，栽培介质的堆积重度不宜大于 10kN/m³。

(5) 种植床埂蓄水种植屋面应根据屋顶绿化设计用床埂进行分区，每区面积不宜大于 100mm。床埂宜高于种植层 60mm 左右，床埂底部每隔 1200～1500mm 应设一个溢水孔，孔下口与水层面持平。溢水孔处应铺设粗骨料或安设滤网以防止细骨料流失。

(6) 人行架空通道板架空板设在蓄水层上、种植床之间，供人在屋面活动和操作管理之用，兼有给屋面非种植覆盖部分增加一隔热层的功效。架空通道板应满足上人屋面的荷载要求，通常可支承在两边的床埂上。

 本章小结

本章主要介绍了屋顶的作用、类型和基本构成，详细地讲解了平屋顶和坡屋顶的防水构造做法和设计要求，其中平屋顶讲解了包含平屋顶的排水方式、卷材防水和刚性防水；坡屋顶的讲解了包含坡屋顶的排水和坡屋顶的构造；最后讲解了包含屋顶的保温和隔热。通过本章的学习，学生们能够掌握屋顶的基本构造，以及不同的排水做法，可以帮助学生更好地适应以后的学习和工作。

 实训练习

一、单选题

1. 平屋顶的排水坡度一般不超过 5%，最常用的坡度为(　　　)。

A. 5%　　　　　B. 4%　　　　　C. 1%～3%　　　　D. 1%

2. 在刚性防水屋面中，为减少结构变形对防水层的不利影响，常在防水层和基层之间设置(　　)。

　　A. 隔热汽层　　　B. 隔离层　　　　C. 隔热层　　　　　D. 隔声层

3. 屋面具有的功能有(　　)。

　　A. 遮风、避雨　　　　　　　　　　B. 遮风、避雨、隔热

　　C. 保温、隔热　　　　　　　　　　D. 遮风、避雨、保温、隔热

4. 屋顶设计最核心的要求是(　　)。

　　A. 美观　　　　B. 承重　　　　C. 防水　　　　D. 保温

5. 下列哪种建筑的屋面应采用有组织排水方式?(　　)

　　A. 高度较低的简单建筑　　　　　　B. 积灰多的屋面

　　C. 有腐蚀介质的屋面　　　　　　　D. 降雨量较大地区的屋面

二、多选题

1. 屋顶是由(　　)组成。

　　A. 屋面　　　　　　　B. 屋顶承重结构　　　　C. 保温隔热层

　　D. 顶棚组成　　　　　E. 隔汽层

2. 屋顶设计的要求包含(　　)。

　　A. 功能　　　　　　　B. 结构　　　　　　　　C. 建筑艺术

　　D. 经济　　　　　　　E. 环保

3. 平屋顶的找坡方式分为(　　)。

　　A. 材料找坡　　　　　B. 结构找坡　　　　　　C. 测量找坡

　　D. 人工找坡　　　　　E. 机械找坡

4. 屋顶排水组织设计的内容包含(　　)。

　　A. 确定排水坡面的数目　　　　　　　　　B. 划分排水区

　　C. 确定天沟所用材料和断面形式及尺寸

　　D. 确定水落管所用材料、大小及间距　　　E. 确定排水量

5. 屋顶隔热做法包含(　　)。

　　A. 屋顶间层通风隔热　　B. 屋顶蓄水隔热　　　C. 屋顶植被隔热

　　D. 屋顶反射阳光隔热　　E. 屋顶吸收阳光隔热

三、简答题

1. 刚性防水屋顶和卷材防水屋顶的构造层次分别是什么?

2. 平屋顶的隔热构造做法是什么?

3. 屋顶排水方式有哪几种?各有何特点?

第 10 章课后答案.docx

实训工作单

班级		姓名		日期	
教学项目		屋顶			
任务	掌握屋顶的作用类型以及构造做法		方式	现场参观记录、认知	
相关知识			建筑设计、施工技术、构造做法		
其他要求					

现场参观记录

评语				指导老师	

第 11 章　工业建筑设计简介

🛒 【教学目标】

- 了解什么是工业建筑。
- 熟悉工业建筑的分类。
- 掌握单层厂房的平面设计知识。
- 掌握单层厂房的剖面设计知识。
- 掌握单层厂房立面设计知识。
- 熟悉单层厂房内部空间处理。
- 熟悉多层厂房体形组合与立面设计。

第 11 章　工业建筑设计简介.pptx

🚶 【教学要求】

本章要点	掌握层次	相关知识点
工业建筑	1. 了解工业建筑的类型 2. 了解工业建筑的特点	工业建筑概述
单层厂房的设计	1. 单层厂房平面设计 2. 单层厂房剖面设计 3. 单层厂房立面设计 4. 单层厂房内部空间处理	单层厂房设计
多层厂房的设计	1. 体形组合 2. 立面设计	体形组合与立面设计

⚙️ 【案例导入】

　　工业建筑起源于工业革命的英国，现代工业建筑体系的发展已有 200 多年的历史。

　　1840 年以后，中国陆续出现了由国外资本、清政府官僚集团和新兴民营资本经营的工业，它们奠定了中国近代工业的基础，形成了中国近代工业建筑。1865 年的上海江南制造局炮厂就是我国较早创办的军事工业，而 1890 年湖北汉阳炼铁厂则是我国第一个规模较大的钢铁工业。直到新中国成立前，中国现代工业在国民经济中所占的比重仍很小，没有制造主要生产工具的机械制造工业，只有一些依赖外国进口的原料加工工业，重工业的基础更加薄弱。从 20 世纪中叶以来，中国工业建筑的规模和数量在世界上已居前列。面临 21 世纪进入信息时代，为了与市场经济接轨、与国际接轨，原来计划经济下工业建筑固有模

式必然要进行改革。无论旧工业的改造还是新工业的开发，工业建筑始终与城市规划、环保、节能、地景、经济、文化、人居有着密切关系。

【问题导入】

结合本章的学习，谈谈你对工业建筑的理解。

11.1　工业建筑概述

11.1.1　工业建筑的特点

工业建筑与民用建筑一样，要体现适用、安全、经济、美观的方针；在设计原则、建筑技术、建筑材料等方面两者也有许多共同之处。但由于生产工艺复杂多样，技术要求高，对建筑平面空间布局、设计配合、使用要求、室内采光、屋面排水、建筑构造及施工等方面都有很大影响。因此，工业建筑又具有以下特点。

工业建筑设计.mp4

(1) 厂房平面要根据生产工艺的特点设计。厂房的建筑设计是在生产工艺设计的基础上进行的，必须满足不同工业生产的要求，方能使生产顺利进行。由于产品及工艺的多样化，不同生产工艺的厂房也有不同的特征。厂房的建筑设计还必须适应由于生产设备的更新或改变生产工艺流程等而带来的变化，应具有一定的通用性。

(2) 厂房内部空间较大。由于厂房内各生产工部联系紧密，需要设置大量的或大型的生产设备以及起重运输设备，还要保证各种起重、运输设备的畅通运行，且有的车间还需加工巨型产品等。因此，厂房内部大多具有较大的面积和开敞的空间。如有桥式吊车的厂房，室内净高应在 8m 以上；万吨水压机车间，室内净高在 20m 以上；有些厂房高度可达40m 以上。

(3) 厂房的结构、构造比较复杂，技术要求高。由于厂房的面积、体积较大，有时采用多跨的平面组合形式，工艺联系密切，不同的生产类型对厂房提出了不同的功能要求。因此，与民用建筑相比，厂房的空间、采光通风、屋面排水防水、保温、隔热等建筑构造均较复杂，技术要求较高。

(4) 厂房骨架的承载力较大。在单层厂房中，由于跨度大，屋顶与吊车荷载较重，多采用钢筋混凝土排架结构承重；在多层厂房中，因为楼板荷载大，所以广泛采用钢筋混凝土骨架或钢骨架承重。

11.1.2　工业建筑的类型

随着科学技术及生产力的发展，工业生产的种类越来越多，生产工艺也更为先进复杂，技术要求也更高，相应地对建筑设计提出的要求也更为严格，从而出现各种类型的工业建筑。为了掌握建筑物的特征和标准，便于进行设计和研究，工业建筑可归纳为如下几种类型。

1. 按用途分类

1) 主要生产厂房

主要生产厂房是指从原料、材料至半成品、成品的整个加工装配过程，并直接从事生产的厂房。如在拖拉机制造厂中的铸铁车间、铸钢车间、锻造车间、冲压车间、铆焊车间、热处理车间、机械加工及装配等车间。这些车间都属于主要生产厂房。"车间"一词，本意是指工业企业中直接从事生产活动的管理单位，后亦被用来代替"厂房"。

音频.工业建筑的分类.mp3

2) 辅助生产厂房

辅助生产厂房指间接从事工业生产的厂房。如上述拖拉机制造厂中的机器修理间，电修车间、木工车间、工具车间等。

3) 动力用厂房

动力用厂房指为生产提供能源的厂房。这些能源有电、蒸气、煤气、乙炔、氧气、压缩空气等。其相应的建筑是发电厂、锅炉房、煤气发生站、乙炔站、氧气站、压缩空气站等。

4) 储存用房屋

储存用房屋指为生产提供储备各种原料、材料、半成品、成品的房屋。如炉料库、砂料库、金属材料库、木材库、油料库、易燃易爆材料库、半成品库、成品库等。

5) 运输用房屋

运输用房屋指管理、停放、检修交通运输工具的房屋。如机车库、汽车库、电瓶车库、消防车库等。

单层厂房.docx

2. 按层数分类

1) 单层厂房

这类厂房主要用于重型机械制造工业、冶金工业、纺织工等，如图 11-1 所示。

(a) 单跨厂房

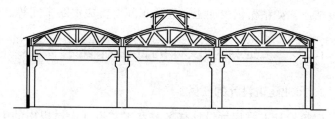

(b) 多跨厂房

图 11-1 单层厂房

2) 多层厂房

这类厂房广泛用于食品工业、电子工业、化学工业、轻型机械制造工业、精密仪器工业等，如图 11-2 所示。

3) 混合层次厂房

这类厂房是指厂房内既有单层跨，又有多层跨，如图 11-3 所示。

多层厂房.docx

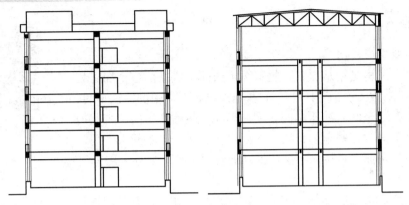

图 11-2 多层厂房

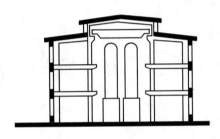

图 11-3 混合层次厂房

3. 按生产状况分类

(1) 冷加工车间，生产操作是在常温下进行，如机械加工车间、机械装配车间等。

(2) 热加工车间，生产中散发大量余热，有时伴随烟雾、灰尘、有害气体。如铸工车间、锻工车间等。

(3) 恒温恒湿车间，为保证产品质量，车间内部要求具有稳定的温湿度条件，一般恒温指 20℃左右，恒湿指相对湿度在 50%～60%之间。如精密机械车间、纺织车间等。

(4) 洁净车间，为保证产品质量，防止大气中灰尘及细菌的污染，必须保持车间内部高度洁净。如精密仪表加工及装配车间、集成电路车间等。

11.1.3 工业建筑设计的任务和要求

1. 工业建筑设计的任务

建筑设计人员根据设计任务书和工艺设计人员提出的生产工艺资料，设计厂房的平面形状、柱网尺寸、剖面形式、建筑体型；合理选择结构方案和围护结构的类型，进行细部构造设计；协调建筑、结构、水、暖、电、气、通风等各工种；正确贯彻"坚固适用、经济合理、技术先进"的原则。

2. 工业建筑设计应满足的要求

1) 满足生产工艺的要求

生产工艺是工业建筑设计的主要依据，生产工艺对建筑提出的要求就是该建筑使用功能上的要求。因此，建筑设计在建筑面积、平面形状、柱距、跨度、剖面形式、厂房高度以及结构方案和构造措施等方面，必须满足生产工艺的要求。同时，建筑设计还要满足厂房所需的机器设备的安装、操作、运转、检修等方面的要求。

2) 满足建筑技术的要求

(1) 工业建筑的坚固性及耐久性应符合建筑的使用年限要求。由于厂房静荷载和活荷载都比较大，所以，建筑设计应为结构设计的经济合理性创造条件，使结构设计更利于满足坚固和耐久的要求。

(2) 由于科技发展日新月异，生产工艺不断更新，生产规模逐渐扩大，因此建筑设计应使厂房具有较大的通用性和改建扩建的可能性。

(3) 应严格遵守《厂房建筑模数协调标准》(GB/T 20006—2010)及《建筑模数协调标准》(GB/T 50002—2013)的规定，合理选择厂房建筑参数(如柱距、跨度、柱顶标高等)，以便采用标准、通用的结构构件，使设计标准化、生产工厂化、施工机械化，从而提高厂房建筑工业化水平。

3) 满足建筑经济的要求

(1) 在不影响卫生、防火及室内环境要求的情况下，将若干个车间(不一定是单跨车间)合并成联合厂房，对现代化连续生产极为有利。因为联合厂房占地较少，外墙面积相应减小，缩短了管网线路，使用灵活，能满足工艺更新的要求。

(2) 建筑的层数是影响建筑经济性的重要因素。因此，应根据工艺要求、技术条件等，确定采用合理的厂房层数。

(3) 在满足生产要求的前提下，应设法缩小建筑体积，充分利用建筑空间，合理减少结构面积，增加使用面积。

(4) 在不影响厂房的坚固、耐久、生产操作、使用要求和施工速度的前提下，应尽量降低材料的消耗，从而减轻构件的自重和降低建筑造价。

(5) 设计方案应便于采用先进的、配套的结构体系及工业化施工方法。但是，必须结合当地的材料供应情况、施工机具的规格和类型以及施工人员的技术水平来选择施工方案。

4) 满足卫生及安全要求

(1) 应有与厂房所需采光等级相适应的采光条件，以保证厂房内部工作面上的光照度；应有与室内生产状况及气候条件相适应的通风措施，以保证厂房内部空气的清新度。

(2) 排除生产余热与废气，提供正常的卫生与工作环境。

(3) 对散发出的有害气体、有害辐射、严重噪声等，应采取净化、隔离、消声、隔声等措施。

(4) 美化室内外环境，注意厂房内部的水平绿化、垂直绿化及色彩处理。

11.2 单层厂房平面设计

11.2.1 总平面设计对平面设计的影响

在一般情况下，工厂的所在位置是根据城市规划部门来确定的，而要完成工厂的基本建设任务，首先应进行总平面设计。工厂总平面设计是根据全厂的生产工艺流程、交通运输、卫生、防火、气象、地形、地质及建筑群体景观要求等条件来完成的。总平面设计包

括以下几方面。

(1) 确定建筑物的规模、建筑物与建筑物、建筑物与构筑物之间的平面关系和空间关系。

(2) 合理组织人流、货流。

(3) 设计主干道、次干道，既要满足人货流的需要，又要满足消防的要求。

音频.单层厂房的主要结构构件.mp3

(4) 布设各种空间、地面及地下管网。

(5) 厂区竖向设计以及绿化美化厂区室内外空间。

1. 厂区人流、货流组织对平面设计的影响

单层厂房设计应考虑工厂生产工艺流程的组织和货运的组织。生产厂房与生产厂房之间，生产厂房与仓库之间，彼此有着人流和货流的联系，这种联系可影响厂房平面设计中门的位置、数量和尺寸，要求厂房的出入口位置应方便原材料的运进和成品的运出、门的尺寸应满足运输工具安全通行的要求。同时，人流出入口或厂房生活间应靠近厂区人流主干道，以方便工人上下班。设计时应减少人流和货流的交叉和迂回，运行路线要通畅、短捷。从图 11-4 中可看出，生活间的位置应紧靠厂区主干道，人货流路线应分工明确。

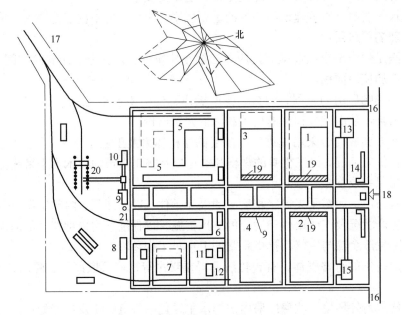

图 11-4 某机械厂总平面布置图

1—辅助车间；2—装配车间；3—机械加工车间；4—冲压车间；5，6—锻工车间；7—总车库；
8—木工车间；9—锅炉旁；10—煤气发生站；11—氧气站；12—压缩空气站；13—食堂；
14—厂部办公室；15—仓库；16—汽车货运出入口；17—火车货运出入口；
18—厂区大门人流出入口；19—车间生活间；20—露天堆场；21—烟囱

2. 地形对平面设计的影响

地形坡度的大小对厂房的平面形状有直接影响，这在山区建厂时尤为明显。当工艺流

程自上而下布置时，平面设计应利用地形尽量减少土石方工程量，又可利用原材料的自重顺着工艺流程向下输送。如图 11-5 所示是建在坡地上的铸铁车间横剖面图，其生产流程是将堆场上的原材料——铁矿石经滑槽靠自重送到炉料跨，再用手推车将矿石送至熔化工部，然后送入熔化炉，熔化炉出铁水后，用吊车将铁水包吊至造型工部进行浇铸，铁渣运出车间。又如，在山地建厂的选矿厂、化肥厂，为有利于生产，平面设计时应充分利用地形。

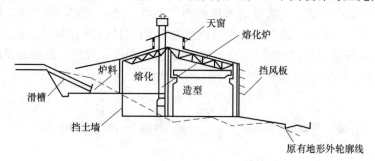

图 11-5　铸铁车间横剖平面图

3. 日照和风向的影响

厂址所在地的气象条件对厂房朝向影响很大。其主要影响因素有两个：一是日照，二是风向。厂房对朝向的要求，随地区气候条件的不同而异。在我国广大温带和亚热带地区，理想的朝向应该是：夏季室内既不受阳光照射，又要易于进风，有良好的自然通风条件。为此，厂房宽度不宜过大，最好采用长条形平面，朝向接近南北向，厂房长轴与夏季主导风向垂直或大于 45°。n 形、山形平面的开口应朝向迎风面，并在侧墙上开设窗户和大门，大门在组织穿堂风中有良好作用。若朝向与主导风向有矛盾时，应根据主要要求选择。

寒冷地区，厂房的长边应平行于冬季主导风向，并在迎风面的墙面上少开或不开门窗，避免寒风对室内气温的影响。

11.2.2　平面设计与生产工艺的关系

民用建筑的平面及空间组合设计，主要是根据建筑物使用功能的要求进行的。而单层厂房平面及空间组合设计，则是在工艺设计及工艺布置的基础上进行的。所以说，生产工艺是工业建筑设计的重要依据之一。

1. 工艺平面图的内容

一个完整的工艺平面图，主要包括下面五个内容。

(1) 根据生产的规模、性质、产品规格等确定生产工艺流程。

(2) 选择和布置生产设备和起重运输设备。

(3) 划分车间内部各生产工段及其所占面积。

(4) 初步拟定厂房的跨间数、跨度和长度。

(5) 提出生产对建筑设计的要求，如采光、通风、防震、防尘、防辐射等。

2. 平面设计受生产工艺的影响

平面设计受生产工艺的影响有以下几个方面。

1) 生产工艺流程的影响

生产工艺流程是指某一产品的加工制作过程，即由原材料按生产要求的程序，逐步通过生产设备及技术手段进行加工生产，并制成半成品或成品的全部过程。不同类型的厂房，由于其产品规格、型号等不同，生产工艺流程也不相同。如图 11-6 所示是机械加工装配车间的生产工艺流程：机械加工所需要的原材料，由铸工车间或仓库运来，一部分堆放在车间的堆场或仓库里，一部分可直接进入机械加工工段，经车、钻、铣、刨、镗等机床进行机械加工，加工后的半成品送入装配车间进行总装配(包括由其他车间运来的半成品或部分装配件)，装配完毕后进行试验或检验。合格产品进行油漆、包装，最后运至成品库。

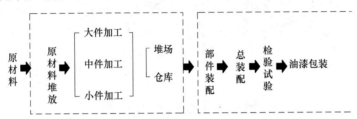

图 11-6　机械加工装配车间生产工艺流程

2) 生产状况的影响

不同性质的厂房，在生产操作时会出现不同的生产状况。如机械加工装配车间，生产是在正常的温湿度条件下进行的，产生的噪声较小，室内无大量余热及有害气体散发。但是，该车间对采光有一定的要求，应根据它所在地区的气象条件来满足采光和通风的要求。对建筑设计要求加强室内通风，迅速补充冷空气，排除室内热空气，从而在平面设计中影响到门窗的位置和大小，墙体是采用封闭还是敞开式，等等。

3) 生产设备的影响

生产设备的大小和布置方式直接影响到厂房的平面布局、跨度大小和跨间数，同时也影响到大门尺寸和柱柜尺寸等。

11.2.3　单层厂房平面形式

1. 影响平面形式的因素

(1) 厂房在总平面图中的位置，拟建厂房地段的形状、大小、地形、地貌。

(2) 生产工艺流程。

(3) 厂房的生产规模及生产特征。

(4) 运输工具的类型。

(5) 厂房结构类型。

(6) 地区气象条件。

音频.影响厂房平面形式的主要因素.mp3

2. 平面形式与特点

当单层厂房的平面形式为正方形、矩形及 L 形，且面积相等时，则正方形周长最短，平面形式越接近正方形，则墙体周长与面积的百分比越低，如表 11-1 所示。所以，在单层厂房设计中，当占地、生产工艺允许时，建筑物的形状宜采用正方形或接近正方形。

表 11-1　平面形状与墙体周长的关系

厂房平面示意图	建筑面积(m²)	墙体周长(m)	墙体周长与面积的百分比(%)
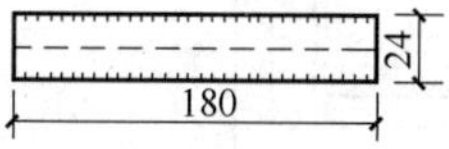 24 × 180	4320	408	100
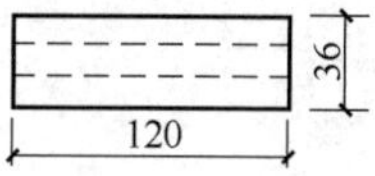 36 × 120	4320	316	77
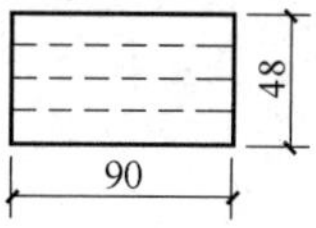 48 × 90	4320	276	68
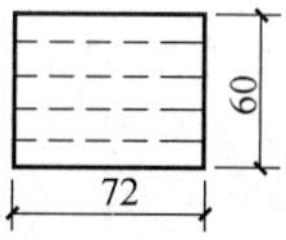 60 × 72	4320	264	65

1)　直线式

原材料由厂房一端进入，产品由相对的另一端运出，如图 11-7(a)所示。

2)　往复式

原材料由厂房一端进入，产品由同一端运出，如图 11-7(b)、(c)、(d)所示。

这两种生产流程的特点是厂房内部各工段之间联系紧密，运输路线和工程管线较短，平面形状规整，占地面积少。如果厂房各跨柱顶标高相同，则结构及构造均较简单，造价低、施工速度快，在厂房宽度不大时，其天然采光及自然通风均易满足厂房生产的要求。

3)　垂直式

原材料由厂房一端进入，产品由左侧或右侧运出，如图 11-7(f)所示。此种方式多用于纵横跨厂房，其特点是工艺流程紧凑，运输线路及管线较短，但垂直跨与平行跨处结构和构造较复杂，施工也较麻烦，在需设置变形缝时更是如此。L 形平面占地较多，不如矩形平面经济。

在设计中，当占地、生产工艺允许时，建筑物的形状宜采用正方形或接近正方形，如图 11-7(e)所示。

除上述三种平面形式外，根据生产工艺的要求，特别是热加工车间或需进行某种隔离的车间，可以采用 U 形平面(见图 11-7(f))和山字形平面(见图 11-7(h))。如锻工车间，生产工艺需要火车进入露天跨，因此，车间平面形式为 U 形。又如铸工车间采用山字形，则可以分散热流，缩短气流长度，有利于车间内部组织自然通风。当然，这样的平面形式必须考虑夏季主导风向应吹向开口的一面，且控制风向角在 0°～45°范围内。

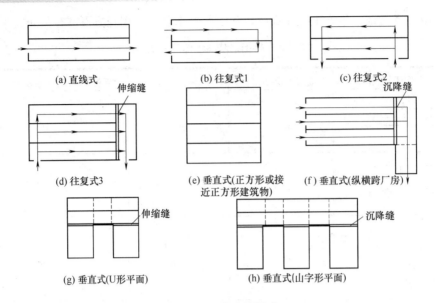

(a) 直线式　　　　　　(b) 往复式1　　　　　　(c) 往复式2

(d) 往复式3　　(e) 垂直式(正方形或接近正方形建筑物)　　(f) 垂直式(纵横跨厂房)

(g) 垂直式(U形平面)　　　　　　(h) 垂直式(山字形平面)

图 11-7　厂房平面形式

11.3　单层厂房剖面设计

单层厂房剖面设计的是在平面设计的基础上进行的,剖面设计着重解决建筑空间如何满足生产的各项要求的问题。生产工艺不仅影响厂房平面形式,也影响着厂房的剖面形式。生产设备体形、工艺流程、生产特点、加工件的大小和重量以及垂直起重运输工具的种类和起重量等都直接影响着厂房的剖面形式。在厂房剖面的建筑设计中要做到以下几方面。

(1) 在满足生产工艺要求的前提下,经济合理地确定厂房高度及有效利用和节约空间。

(2) 妥善地解决厂房的天然采光、自然通风和屋面排水。

(3) 选择好结构方案和围护结构形式,以满足建筑工业化的要求。

11.3.1　厂房高度的确定

单层工业厂房的高度是指由室内地坪到屋顶承重结构最低点的距离,通常以柱顶标高来代表工业厂房的高度。但当特殊情况下屋顶承重结构为下沉式时,工业厂房的高度必须是由地坪面至屋顶承重结构的最低点的距离。柱顶标高的确定如下。

(1) 无吊车厂房。在无吊车厂房中,柱顶标高通常是按最大生产设备及其使用、安装、检修时所需的净空高度来确定的。同时,必须考虑采光和通风的要求,一般不应低于 4m。根据《厂房建筑模数协调标准》(GB/T 20006—2010)的要求,柱顶标高应符合 300mm 的倍数。

(2) 有吊车厂房。在有吊车的厂房中,不同的吊车对厂房高度的影响各不相同。对于采用梁式或桥式吊车的厂房来说,如图 11-8 所示。

柱顶标高　　　　　　　　　　$H = H_1 + H_2$

轨迹标高　　　　　　　　　　$H_1 = h_1 + h_2 + h_3 + h_4 + h_5$

轨顶至柱顶标高　　　　　　　$H_2 = h_6 + h_7$

式中：h_1——须跨越的最大设备高度；

h_2——起吊物与跨越物间的安全距离,一般为 400~500mm;

h_3——起吊的最大物件高度;

h_4——吊索最小高度,根据起吊物件的大小和起吊方式决定,一般大于 1m;

h_5——吊钩至轨顶面的距离,由吊车规格表查得;

h_6——轨顶至吊车小车顶面的距离,由吊车规格表查得;

h_7——小车顶面至屋架下弦底面之间的安全距离,应考虑到屋架的挠度、厂房可能不均匀沉陷等因素,最小尺寸为 220mm,湿陷性黄土地区一般不小于 300mm。

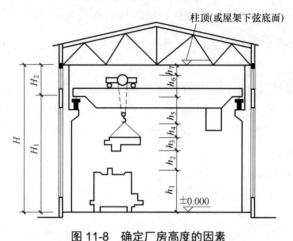

图 11-8 确定厂房高度的因素

11.3.2 剖面空间的利用

厂房的高度直接影响着厂房的造价,在确定厂房高度时,应在不影响生产使用的前提下,充分发掘空间的潜力,以节约建筑空间,降低建筑造价。

1) 利用屋架之间的空间

如图 11-9 所示是铸铁车间砂处理工段纵剖面图,混砂设备高度为 10.8 米,在不影响吊车运行的前提下,把高大的设备布置在两榀屋架之间,利用屋顶空间起到缩短柱子长度的作用。

2) 利用地下空间

如图 11-10 所示表示变压器修理车间工段剖面图,如把需要修理的变压器放在低于室内地坪的地坑内,也可起到缩短柱子长度的作用。

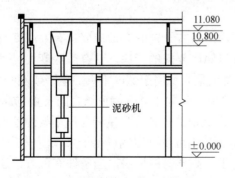

图 11-9 利用屋架间空间布置设备

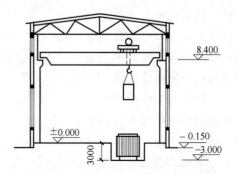

图 11-10 某厂房变压器修理工段剖面

11.3.3 天然采光

白天室内利用天然光线进行照明的叫作天然采光。由于天然光线质量好且节能，因此单层厂房大多采用天然采光，当天然采光不能满足要求时才辅以人工照明。厂房采光的效果直接关系到生产效率、产品质量和工人的劳动卫生条件，是衡量厂房建筑质量标准的一个重要因素。因此，必须根据生产性质对采光的不同要求进行采光设计，合理确定窗户的大小，选择窗户的形式，进行窗户的布置，使室内获得良好的采光条件。

1. 天然采光的基本要求

1) 采光量

室外天然光是不断变化的，室内的照度也随之不断变化，因而在单层厂房的采光设计中，以采光系数作为厂房采光设计的标准，而不是用绝对的照度值来衡量。室内某一点的采光系数 C 等于室内该点的照度 E_n 与同一时刻室外全云天水平面上的天然光照度 E_w 的比值。即 $C = E_n/E_w \times 100\%$。

在单层厂房的采光设计中，要使车间内部具有良好的视觉条件，车间内工作面上的采光系数最低值不应低于相关工艺生产规定的数值。

2) 采光质量

在单层厂房的采光设计中，除要求工作面有足够的采光量外，还要求厂房内部采光尽量均匀，光色适当，避免在工作区产生炫光等干扰工作的现象。另外，厂房采光应注意自然光线的投射方向，最大效率地利用光线为生产服务。

2. 天然采光方式的选择

单层厂房的天然采光通常有侧面采光、顶部采光和综合采光(侧面采光和顶部采光兼用)三种方式，如图 11-11 所示。

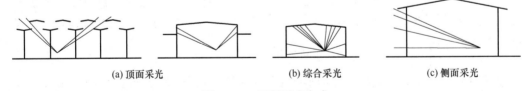

(a) 顶面采光　　　　　　　　(b) 综合采光　　　　　　　　(c) 侧面采光

图 11-11　天然采光方式

1) 侧面采光

侧面采光即利用侧窗采光。侧面采光对室内照射有一定的有效深度且有效深度决定于厂房的采光等级及窗口的类型。对于一般的中等照度要求的厂房，其有效深度大约可按工作面至窗口上缘高度的两倍考虑。由此可见，侧面采光适用于宽度不大的单跨或双跨厂房。

当厂房的高度较高及在有吊车的厂房中，侧窗一般采用高低侧窗结合的布置方式(这样可提高远窗地点的照度，并使采光较为均匀)。高侧窗的位置应尽量避免吊车梁的遮挡，其窗台一般宜高于吊车梁面约 600mm。如果高侧窗的高度受到限制以至于采光面积不够时，可将其加宽成为带形窗，采光的效果较好。对于有高低跨的厂房，当条件许可时，还可利用它们之间的高低差设置高侧窗，如图 11-12 所示。

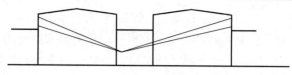

图 11-12　利用高低跨采光

2)　其他天然采光

当厂房的宽度超过侧面采光的有效深度，以致厂房中部的光线不足时，可在中部的屋盖上加设天窗，以补充中部照度之不足并提高采光的均匀度。例如三跨及三跨以上的厂房，除边跨无遮挡时可用侧窗采光外，中间各跨一般需设天窗采光，如图 11-13 所示。

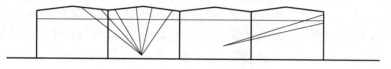

图 11-13　多跨顶部采光

11.3.4　自然通风

通风有自然通风和机械通风两种。自然通风是利用室内外空气的温度差所形成的热压作用和室外空气流动时产生的风压作用，使室内外空气不断交换来达到通风的目的。自然通风的通风量大，不消耗动力，是一种既简单又经济有效的通风方式，故在单层厂房中广泛应用。当采用自然通风还不能满足生产使用要求时，必须辅以机械通风或采用空气调节方式通风。

1. 自然通风的基本原理

1)　利用热压来组织自然通风

热压作用下自然通风，通风量主要取决于室内外的温度差和进、排风口之间的高度差，如图 11-14 所示。热加工车间在生产过程中会散发大量的余热，故适宜利用热压来组织自然通风。

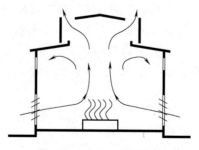

图 11-14　利用热压通风

在厂房的散热量和进、排风口面积相同的条件下，增大进、排风口之间的高度差，可提高厂房的通风量。故进风口宜布置低一些，窗台高度常低至 0.4～0.6m；排风口则宜布置高一些，一般需设天窗排风。需强烈通风的地段，可考虑增设通风大门。而外墙中间高度处一般不宜设置通风口，因其靠近自然通风的中和轴，通风效果不显著，并且若有风从此

进入，反而会减少下排窗口的进风量和降低气流速度(因为在一定的排风量的情况下，进风量是一定的)。如采光要求在中间高度处设侧窗时，一般可做成固定的玻璃窗。寒冷地区的进风低侧窗宜分上下两排开启，夏季用下排窗进。上排窗的下缘离地面高度一般不宜低于4.0m。

2) 有风压作用时对自然通风的影响

风对自然通风也会产生很大的影响。当风吹向厂房时，自然通风的气流状况比较复杂。在厂房迎风面的下部进风口和背风面的上部排风口，热压和风压的作用方向一致，其进风量和排风量比热压单独作用时大。在厂房迎风面的上部排风口和背风面的下部进风口，热压和风压的作用方向却相反，其排风量和进风量比热压单独作用时小。当风压小于热压时，迎风面的排风口仍可排风，但排风量减小；若风压等于热压时，迎风面的排风口停止排风，只能靠背风面的排风口排风；若风压大于热压时，迎风面的排风口不但不排风，反而会灌风，压住上升的热气流，形成倒灌现象，使厂房内部的卫生状况恶化，如图11-15所示。

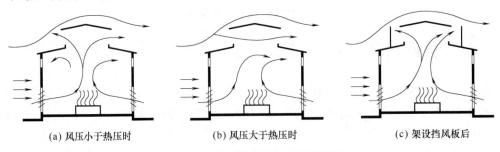

(a) 风压小于热压时　　　　(b) 风压大于热压时　　　　(c) 架设挡风板后

图 11-15　风压与热压共同作用通风

这时，对通风量要求较大以及不允许气流倒灌的热加工车间，其天窗应采取避风措施，如设挡风板，或利用加高的女儿墙、相邻的天窗及高跨等遮挡物来代替挡风板，以保证天窗排风的稳定。在设有通风天窗的热加工车间，靠近檐口处的高侧窗一般不宜开启，以免灌风而破坏有组织的自然通风。另外，各种下沉式天窗，通风效果较好且具有避风性能。

对于内部无大型热源、散热量不大、厂房的宽度比较窄(一般在 24m 以内)的中小型热加工车间来说，由于在风压的作用下，穿堂风的比重较大，故可考虑以穿堂风为主、天窗排风为辅来组织自然通风，仅在热源集中的地段上部，局部设置通风天窗，相对两侧的进、排风窗的开启面积应尽可能大一些，一般不宜小于侧墙面积的 30%。同时，进、排风两侧墙面尽可能少设毗连式辅助用房，厂房内部则宜少设实体隔断，使穿堂风畅通。一般利用风压形成穿堂风的车间，单侧进深最远可以达到 40～50m，因此厂房宽度不宜超过 80～100m。

2. 自然通风设计的原则

1) 合理选择建筑朝向

为了充分利用自然通风，应控制厂房宽度，并使厂房纵向垂直于当地夏季主导风方向或不小于45°倾角。从减少建筑物的太阳辐射和组织自然通风的综合角度来说，选择厂房南北朝向是最合理的。

2) 合理布置建筑群

选择了合理的建筑朝向，还必须布置好建筑群，才能组织好室内通风。建筑群的平面布置有行列式、错列式、斜列式、周边式、自由式等，从自然通风的角度考虑，行列式和自由式均能争取到较好的朝向，自然通风效果良好。

3) 厂房开口与自然通风

一般来说，进风口正对出风口布置，会使气流直通，风速较大，但风场影响范围小。习惯上把进风口正对着出风口的风称为穿堂风。如果进风口、出风口错开，则风场影响范围增大。避免出风口都在正压区一侧或负压区一侧的布置。

4) 导风设计

中轴旋转窗扇、水平挑檐、挡风板、百叶板、外遮阳板及绿化均可以起到挡风、导风的作用，可以用来组织室内通风。

3. 冷加工厂房的自然通风

冷加工车间内无大的热源，室内余热量较小，一般按采光要求设置的窗，其上有适当数量的开启窗扇和为交通运输设置的门，就能满足厂房内通风换气的要求。所以，在剖面设计中，应以天然采光为主，在自然通风设计方面，应使厂房纵向垂直于夏季主导风向，或不小于 45° 倾角，并限制厂房宽度。在侧墙上设窗，在纵横贯通的端部或在横向贯通的侧墙上设置大门，室内少设或不设隔墙，以利于"穿堂风"的组织。为避免气流分散，影响"穿堂风"的流速，冷加工厂房不宜设置通风天窗，但为了排除积聚在屋盖下部的热空气，可以设置通风屋脊。

4. 热加工厂房的自然通风

热加工厂房除有大量热量外，还可能有灰尘，甚至存在有害气体。所以，热加工厂房更要充分利用热压原理，合理设置进风口、排风口，有效地组织自然通风。

1) 进风口、排风口设计

根据热压原理，热压值的大小与进风口、排风口的中心线距离 H 成正比。所以，热加工车间进风口布置得越低越好。

我国南方、北方气候差异较大，不同地区的热加工厂房的进风口、排风口布置及构造形式也应不同。南方地区夏季炎热，且延续时间长、雨水多，冬季短、气温不低。南方地区散热量较大厂房的剖面形式，如图 11-16 所示。墙下部为开敞式，屋顶设通风天窗。为防止雨水溅入室内，窗口下沿应高出室内地面 60~80cm。因冬季不冷，不需调节进风口、排风口面积控制风量，所以进风口、排风口可以不设窗扇，但应设置挡雨板防止雨水飘入室内。

对于北方地区散热量很大的厂房，厂房剖面如图 11-17 所示。由于冬季、夏季温差较大，进风口、排风口均需设置窗扇。夏季将下排窗开启，上排窗关闭。冬季将上排窗开启，下排窗关闭，避免冷风吹向人体。夏季可以将进风口、排风口窗扇开启组织通风，根据室内外气温条件，调节进风口、排风口面积进行通风。侧窗窗扇开启方式有上悬、中悬、立旋和平开四种。低侧窗宜采用平开窗或立旋窗，尤其以立旋窗为最佳选择。因为立旋窗的开启角度可以随风向来调节，能得到最大的通风量。其他需开启的侧窗可以用中旋窗(开启角度可以达 80°)，便于开关。上悬窗开启费力，局部阻力系数大，因此，排风口的窗扇也多采用中悬式。

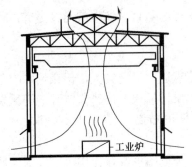

图 11-16　南方地区热车间的剖面示意图

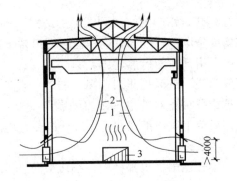

图 11-17　北方地区热车间剖面示意图

1—夏季气流；2—冬季气流；3—工业炉

2)　通风天窗的选择

无论是多跨热加工厂房还是单跨热加工厂房，仅靠侧窗通风往往不能满足要求，通常还需在屋顶上设置通风天窗。通风天窗的类型主要有矩形和下沉式两种。

(1)　矩形通风天窗。

除无风速的情况以外，热加工厂房的自然通风是在风压和热压的共同作用下进行的。空气流动会出现三种状态。

当风压小于热压时，不仅背风面排风口可以排气，迎风面排风口也能排气。但由于迎风面风压的影响，可使排风口排气量减小，如图 11-18(a)所示。

当风压等于热压时，迎风面排风口虽然不能排气，但背风面排风口照样能排气，如图 11-18(b)所示。

当风压大于热压时，迎风面的排风口不但不能排气，反而会出现所谓"倒灌风"现象，如图 11-18(c)所示。

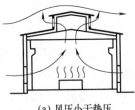
(a) 风压小于热压

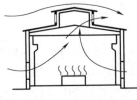
(b) 风压等于热压

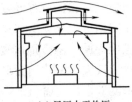
(c) 风压大于热压

图 11-18　热压风压共同作用下的气流状况示意图

这时如果关闭迎风面排风口、打开背风面的排风口，则背风面排风口也能排气。风向是随时变化的，而要随着风向不断开启或关闭排风口是困难的。防止迎风面对室内排气口产生不良影响最有效的处理方法是，在迎风面距离进风口一定的地方设置挡风板。由于风的方向是不确定的，所以矩形天窗的两侧均应设置挡风板，无论风从何处吹来，均可以使排风口始终处于负压区内，如图 11-19 所示，设有挡风板的矩形天窗称为矩形通风天窗，也称为避风天窗。在无风时，车间内部靠热压通风；有风时，风速越大则负压区绝对值也越大，排风量也增大。挡风板至矩形天窗的距离以等于排风口高度的 1.1～1.5 倍为宜。

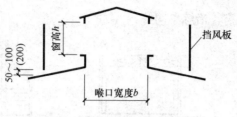

图 11-19　矩形避风天窗

当平行等高跨上两矩形天窗排风口的水平距离 L 小于或等于天窗高度 h 的五倍时，可以不设挡风板，因为该区域的风压始终为负压，如图 11-20 所示。

(2)　下沉式通风天窗。

在屋顶结构中，部分屋面板铺在屋架上、下弦上，利用屋架上下弦之间的高差空间构成在任何风向下均处于负压区的排风口，这样的天窗称为下沉式通风天窗。它与矩形通风天窗相比，省去了挡风板和天窗架，降低了厂房的高度(约 4～5 米)，从而减轻了屋盖、柱子及基础的荷载，同时也减少了风载，有利于抗震，且布置灵活，通风效果好。但它的屋架上、下弦受扭，屋面排水处理复杂，且室内有种压抑的感觉。

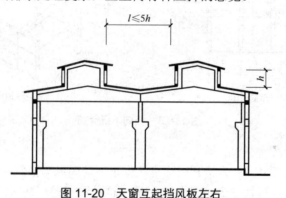

图 11-20　天窗互起挡风板左右

下沉式通风天窗，根据下沉部位的不同有以下三种形式。

①　井式通风天窗：每隔一个或几个柱距将部分屋面板设置在屋架下弦上，使屋面上形成一个个"井"式天窗。处在屋顶中部的称为中井式天窗，如图 11-21(a)所示；设在边部的称为边井式天窗，如图 11-21(b)所示。这类天窗由于井口有三面或四面可以通风，排气量大，所以通风效果优于矩形通风天窗。

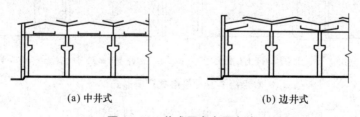

(a) 中井式　　　　　　　　　(b) 边井式

图 11-21　井式天窗布置方法

②　纵向下沉式通风天窗：是将跨间一部分屋面板沿厂房整个纵向(两端宜留一个柱距)设置在屋架下弦上，根据屋面板下沉位置的不同，可分为中间下沉、两侧下沉及中间双下沉三种，如图 11-22 所示。其中中间双下沉式的采光通风效果最好，适用于散热量大的大跨

高温车间，如大型玻璃熔窑、冶炼车间等。

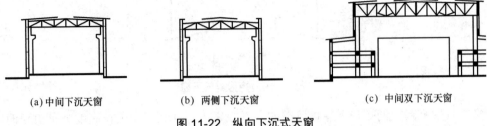

(a) 中间下沉天窗　　　　　(b) 两侧下沉天窗　　　　　(c) 中间双下沉天窗

图 11-22　纵向下沉式天窗

③　横向下沉式天窗：是将相邻一个或几个柱距的整跨屋面板全部搁置在屋架下弦上所形成的天窗，如图 11-23 所示。其采光均匀，排气路线短，通风量大，适用于对采光与通风均有要求的热加工车间和朝向是东西向的冷加工车间。

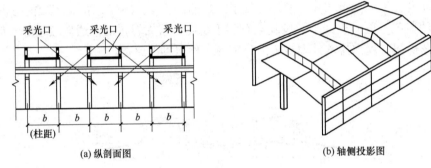

(a) 纵剖面图　　　　　　　　　　(b) 轴侧投影图

图 11-23　横向下沉天窗

(3)　开敞式厂房。

炎热地区的热加工车间，为了利用穿堂风促进厂房通风与换气，除采用通风天窗以外，外墙不设窗扇而采用挡雨板，形成开敞式厂房。这种形式的厂房气流阻力小；通风量大，散热快，通风降温好；构造简单，施工方便。但防寒、防雨、防风沙的能力差，尤其是风速大时，通风不稳定。按开敞部位的不同，开敞式厂房可分成四种形式，如图 11-24 所示。

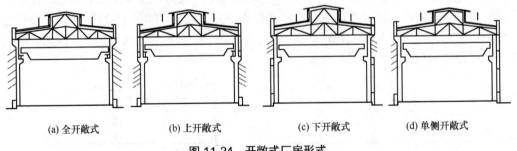

(a) 全开敞式　　　　(b) 上开敞式　　　　(c) 下开敞式　　　　(d) 单侧开敞式

图 11-24　开敞式厂房形式

①　全开敞式厂房：开敞面积大，通风、散热、排烟快。

②　上开敞式厂房：可避免冬天冷空气直接吹向工作面，但风速大时，会出现倒灌现象。

③　下开敞式厂房：排风量大且稳定，可避免倒灌，但冬天冷空气吹向工作面，会影响工人操作。

④　单侧开敞式厂房：有一定的通风和排烟效果。

设计开敞式厂房时，应根据厂房的生产特点、设备布置、当地风向及气候等因素综合考虑选用形式。

11.4 单层厂房立面设计及内部空间处理

单层厂房立面设计是工业建筑设计的组成部分之一。其立面造型与生产工艺、平面形状、剖面形式及结构类型密切相关，按厂房的功能要求、技术条件及经济等因素，运用建筑构图原理和处理手法，可使工业建筑具有简洁、朴素、新颖、大方的外观形象，创造出内容与形式统一的体形。

11.4.1 立面设计

1. 影响立面设计的因素

1) 使用功能的影响

厂房是为生产服务的。不同的工艺流程、生产状况、运输设备对厂房有着不同的平面和剖面要求，对立面也同样有影响。厂房立面处理须满足适用、安全、经济的要求，具有建筑形象能反映出建筑内容的效果。如图 11-25 所示是某钢铁公司的轧板车间，生产时散发大量余热，为了尽快排出余热，外墙采用开敞式挡雨板，既能通风，又能防雨，外墙下部采用立转窗，可增大冷空气进风量。由此可知，以上两个厂房的立面设计反映出热加工厂房的特征。

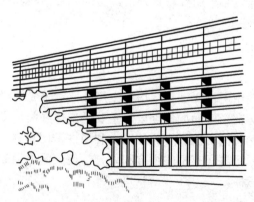

图 11-25 某钢铁公司轧板车间

2) 结构、材料的影响

结构、材料对厂房的体形影响较大，屋顶形式在很大程度上决定着厂房的体形。如图 11-26 所示是某无缝钢管厂的金工车间，内有吊车，空间较高，面积较大。屋顶采用锯齿形天窗，以满足车间天然采光的要求。如图 11-27 所示是意大利某造纸厂车间，它采用两组 A 形钢筋混凝土塔架，支承钢缆绳，悬吊屋顶。车间外墙不与屋顶相连，车间内部没有柱子，工艺布置灵活，整个造型给人以明快、活泼及新颖的感受。

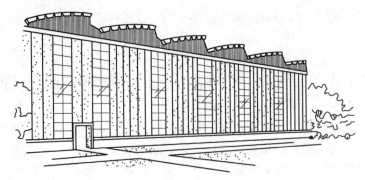

图 11-26　无缝钢管厂金工车间

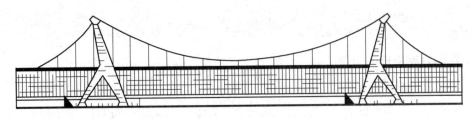

图 11-27　意大利某造纸厂

3)　气候、环境的影响

太阳辐射强度、室外空气的温度与湿度等因素对立面设计均有影响。寒冷地区的厂房要求防寒保暖,窗口面积不宜过大,空间组合集中,给人以稳重、深厚的感觉;炎热地区的厂房,为满足通风散热,常采用开敞式外墙,空间组合分散、狭长,反映出轻巧、明快的特性。

2. 立面处理方法

1)　墙面划分

墙面在单层厂房外墙中所占比例与厂房的生产性质、采光等级、室外光照度等因素有关。因此墙面处理的关键在于墙面如何划分,主要是安排好门、窗口的位置,墙面色彩的搭配以及窗墙的合适比例,同时在已有的体形上利用柱子、勒脚、窗台线、雨篷、遮阳板等构件,运用建筑构图原理进行有机的组合和划分,使立面更加简洁大方,完整匀称,自然美观。其划分方法有三种。

(1)　垂直划分。

根据外墙的结构特点,利用承重柱、附壁柱、窗间墙、竖向组合式侧窗等构成垂直凸出的线条,有规律地重复,使其更加挺拔、高耸、有力,如图 11-28 所示。

(2)　水平划分。

水平划分是在水平方向设置带形窗,利用通长的窗眉线、窗台线等将窗洞口上下窗户间的墙构成水平横线条,如图 11-29 所示。采用悬挑的水平遮阳板,利用阴影的作用,可使水平线条的效果更加显著,也可采用不同材料、不同色彩的外墙作为水平的窗间墙,同样可使厂房立面更加明快、大方、平稳。

(3)　混合划分。

在实际工程中,常采用垂直与水平划分有机结合的方式,这样既能相互衬托,又有明显的主次关系，如图 11-30 所示。垂直划分与水平划分两者互相渗透，混而不乱，可取得生动和谐的效果。

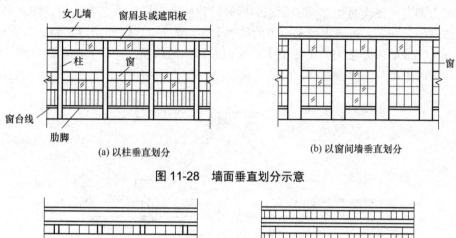

(a) 以柱垂直划分　　　　　　　　　(b) 以窗间墙垂直划分

图 11-28　墙面垂直划分示意

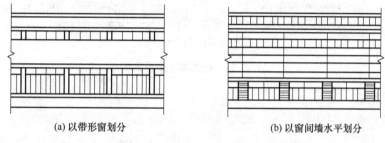

(a) 以带形窗划分　　　　　　　　　(b) 以窗间墙水平划分

图 11-29　墙面水平划分示意

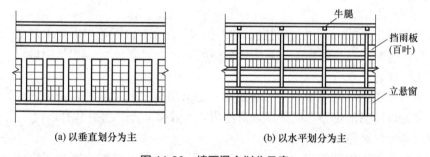

(a) 以垂直划分为主　　　　　　　　　(b) 以水平划分为主

图 11-30　墙面混合划分示意

2)　墙面的虚实处理

厂房立面设计手法，除墙面划分外，正确处理好窗墙之间的比例，也能收到较好的艺术效果。在满足采光面积与自然通风的条件下，窗与墙的比例关系有三种。

(1)　窗面积大于墙面积：此时立面以虚为主，效果明快、轻巧。

(2)　窗面积小于墙面积：立面以实为主，显得稳重、敦实。

(3)　窗面积接近墙面积：虚实平衡，显得安静、平淡、无味，因此运用较少。

11.4.2　内部空间处理

厂房内部空间处理是一项综合性设计，是把组成厂房内部空间的建筑构件和生产设备、管道组织、色彩处理等作为一个统一体考虑，目标是要创造一种良好的室内环境，以有利于提高劳动效率。影响内部空间处理的因素有以下几方面。

1) 使用功能

厂房内部空间在满足生产功能要求的同时，也应考虑空间的艺术效果，即满足人的精神生活的需要。例如，德国巴伐利亚市的玻璃工厂，如图11-31所示，它的屋面呈马鞍形，这种屋顶所形成的内部空间是上小下大，不但能自然通风换气，满足功能的要求，而且造型别致，同时还可节约内部空间，降低造价。

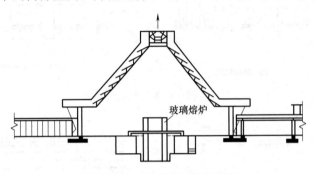

玻璃熔炉

图11-31 德国某玻璃厂剖面

2) 承重结构

承重结构的布局可影响到内部的观感效果。如设置在屋顶上的矩形天窗，它能使纵向空气畅通，不感到封闭；平天窗均匀地布置在屋顶上，宛如天空中繁星点点，能给人以亲切的感受；而纵向下沉式天窗会使室内显得沉闷，且形成一个阴影区，对采光不利。

3) 空间利用

车间内部的生活间，可以利用柱间、墙边、门边及平台下等不影响工艺生产的空间设置，如再合理搭配造型和色彩，就可活跃车间的气氛，创造一个良好的工作环境。

4) 生产设备及管道

起重运输设备配以有条不紊的设备管道，划分整体空间，能使管道系列成为构图中的一部分，再配以恰当的色彩，同样能增添室内艺术效果，使厂房更具有现代工业的气氛。

5) 室内绿化及色彩的影响

设置在厂房内部的装饰绿化，有利于改善厂房内部的小气候，减少工作疲劳，提高劳动生产效率。

色彩能赋予人们多种感受。选择适宜的内部空间色彩，可改善工人的视力和劳动条件；应用色彩标志能减少工人操作事故的发生；提高内部空间的艺术效果，给人以美的感受，还有助于提高劳动生产率。

目前，工业建筑对色彩的运用情况如下。

(1) 红色：用以表示电器、火灾的危险标志。禁止通行的通道和门；防火消防设备、高压电的室内电裸线、电器开关起动机件、防火墙上的分隔门。

(2) 橙色：用以表示危险标志。常用于高速转动的设备、机械、车辆、电器开关柜门；也用于有毒物品及放射性物品的标志。

(3) 黄色：用以表示警告的标志。常用于车间吊车、吊钩、户外大型起重运输设备、翻斗车、推土机、挖掘机、电瓶车。使用中常涂刷黄色与白色、黄色与黑色相间的条纹，提示人们避免碰撞。

(4) 绿色：是安全标志。常作为洁净车间安全出入口的指示灯。

(5) 蓝色：多用于标志上下水道、冷藏库的门，也可用于压缩空气的管道。

(6) 白色：是界线的标志，常用于地面分界线。

建筑色彩受世界流行色的影响，目前已趋向清淡或中和色，但鲜艳夺目的色彩仍被广泛使用。建筑物墙面、地面、天棚的色彩应根据车间性质、用途、气候条件等因素确定。

11.5　体形组合与立面设计

多层厂房的体形组合与立面设计应力求使厂房外观形象和生产使用功能、物质技术应用达到有机的统一，并符合城市规划的要求，力求给人以简洁、朴实、明快和大方的感觉。

11.5.1　体形组合

多层厂房的体形因受生产工艺、厂房环境的影响，所以在进行组合时应注意处理好生产、生活与办公、辅助用房等三个部分的体量组合关系，并尽可能使体形更加简洁、协调。多层厂房由于生产设备外形不大，因此生产空间的大小变化不显著，其体形比较整齐划一，如图 11-32 所示，这样有利于结构的统一和工业化的施工，也有利于内部布置及建筑艺术处理。

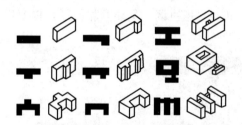

图 11-32　多层厂房常见的体形组合

11.5.2　立面设计

多层厂房立面设计的特点和处理方法，其基本构图原则与民用建筑相似，设计时都应从环境要求着手，结合功能使用要求和结构构造特点，从大处着眼逐步深入到局部和细部，使之相互协调，以获得完美统一的效果。

在立面设计中，应根据厂房功能要求，处理好门、窗与墙面的关系，使之获得整齐、匀称的艺术效果。一般常见的处理手法如下。

1) 垂直划分

垂直划分是利用柱子、垂直遮阳板、窗间墙及竖向组合窗等构配件构成以垂直线条为主的立面划分，可给人以庄重、挺拔的感受，如图 11-33 所示。

2) 水平划分

水平划分是利用通长的带形窗、遮阳板以及檐口、勒脚等构件构成以水平线条为主的立面划分，如图 11-34 所示。这种厂房的外形可给人以感到简洁明朗、轻快的感受。

图 11-33　立面处理——垂直划分

图 11-34　墙面处理——水平划分

3)　混合划分

混合划分是由垂直、水平线条构成网格或穿插处理，使建筑立面更富图案感，整个建筑更富有变化。混合划分既要互相协调，又要互相衬托，以取得生动、和谐的艺术效果，如图 11-35 所示。

图 11-35　墙面处理——混合划分

4)　入口处理

交通枢纽及出入口的处理，与多层厂房的体形及立面效果有很大关系，是立面设计的重点部分，对丰富整个厂房立面造型会起到画龙点睛的作用。突出入口常用的手法是：根据平面布置，结合门厅、门廊及厂房体量大小，采用门斗、雨篷、花格、花池、灯饰等丰富主要入口。亦可将垂直交通枢纽和主要出入口组合在一起，作立面的竖向处理，使之与厂房大面积的墙面水平划分形成对比，以获得突出主入口、使整个立面具有生动活泼而又富于变化的效果，如图 11-36 所示。

图 11-36　上海电表三厂入口

 本章小结

　　本章主要介绍了单层厂房的设计，包括单层厂房的组成、单层厂房的平面设计、单层厂房的剖面设计、厂房的外部造型设计以及内部空间设计。

　　此外，还介绍了多层厂房的体型及立面设计。多层厂房主要适用于轻工业。随着科学技术的不断发展，要求厂房包括空气调节、净化、电磁屏蔽、建筑防振及噪声等方面的内容。

 实训练习

一、单选题

1. 重型机械制造工业主要采用(　　)。
　　A. 单层厂房　　　B. 多层厂房　　　C. 混合层次厂房　　　D. 高层厂房
2. 我国《工业企业采光设计标准》中将工业生产的视觉工作分为(　　)级。
　　A. Ⅲ　　　　　　B. Ⅳ　　　　　　C. Ⅴ　　　　　　　D. Ⅵ
3. 通常，(　　)方式的采光均匀度最差。
　　A. 单侧采光　　　B. 双侧采光　　　C. 天窗采光　　　　D. 混合采光
4. 通常，采光效率最高的是(　　)天窗。
　　A. 矩形　　　　　B. 锯齿形　　　　C. 下沉式　　　　　D. 平天窗
5. 在初步设计阶段，可根据(　　)来估算厂房采光口面积。
　　A. 造型要求　　　B. 建筑模数　　　C. 窗地面积比　　　D. 立面效果
6. 热压通风作用与(　　)成正比。
　　A. 进排风口面积　　　　　　　　　B. 进排风口中心线垂直距离
　　C. 室内空气密度　　　　　　　　　D. 室外空气密度。
7. 矩形通风天窗为防止迎风面对排气口的不良影响，应设置(　　)。

    A. 固定窗　　　　B. 挡雨板　　　　C. 挡风板　　　　D. 上旋窗

8. 单层厂房的山墙抗风柱距采用(　　)数列。

    A. 3M　　　　　B. 6M　　　　　C. 30M　　　　　D. 15M

9. 我国单层厂房主要采用钢筋混凝土排架结构体系，其基本柱距是(　　)米。

    A. 1　　　　　　B. 3　　　　　　C. 6　　　　　　D. 9

10. 厂房高度是指(　　)。

    A. 室内地面至屋面　　　　　　　　B. 室外地面至柱顶

    C. 室内地面至柱顶　　　　　　　　D. 室外地面至屋面

二、多选题

1. 工业建筑按层数可分为(　　)。

    A. 单层厂房　　　　　　B. 多层厂房　　　　　　C. 高层厂房

    D. 混合层次厂房　　　　E. 超高层厂房

2. 单层厂房的通风天窗主要有(　　)和(　　)两种。

    A. 上浮式通风天窗　　　B. 正方形通风天窗　　　C. 下沉式通风天窗

    D. 矩形通风天窗　　　　E. 圆形通风天窗

3. 工业建筑设计是由(　　)组成的。

    A. 建筑设计　　　　　　B. 结构设计　　　　　　C. 总平面设计

    D. 工艺设计　　　　　　E. 设计概算文件

4. 影响厂房平面设计的气象条件主要有(　　)。

    A. 风向　　　B. 风力　　　C. 湿度　　　D. 日照　　　E. 地震

5. 单层厂房采光方式主要有(　　)。

    A. 正面采光　　　　　　B. 侧面采光　　　　　　C. 顶棚采光

    D. 混合采光　　　　　　E. 人工照明

三、简答题

1. 简述热加工车间的进风口布置的基本原则。

2. 什么是封闭结合定位轴线？什么是非封闭结合定位轴线？

3. 说明如何充分利用厂房的剖面空间。

第 11 章课后答案.docx

实训工作单

班级		姓名		日期	
教学项目		工业建筑设计			
任务	掌握工业建筑的基本设计构造	方式	现场参观记录、认知		
相关知识		建筑设计、施工技术、构造做法			
其他要求					

现场参观记录

评语				指导老师	

参 考 文 献

[1] 中国建筑工业出版社. 现行建筑设计规范大全[M]. 北京：中国建筑工业出版社，2009.

[2] 《建筑设计资料集》编委会. 建筑设计资料集[M]. 北京：中国建筑工业出版社，2002.

[3] 中华人民共和国住房和城乡建设部，中华人民共和国国家质量监督检验检疫总局. GB 50016—2014 建筑设计防火规范[S]. 北京：中国计划出版社，2018.

[4] 中华人民共和国住房和城乡建设部，中华人民共和国国家质量监督检验检疫总局. GB 50345—2012 屋面工程技术规范[S]. 北京：中国建筑工业出版社，2012.

[5] 杨志刚. 建筑构造[M]. 重庆：重庆大学出版社，2008.

[6] 杨推菊. 建筑构造设计[M]. 北京：中国建筑工业出版社，2005.

[7] 董黎. 房屋建筑学[M]. 北京：高等教育出版社，2006.

[8] 靳玉芳. 房屋建筑学[M]. 北京：中国建材工业出版社，2004.

[9] 胡建琴，崔岩. 房屋建筑学[M]. 2版. 北京：清华大学出版社，2013.

[10] 舒秋华. 房屋建筑学[M]. 武汉：武汉理工大学出版社，2008.

[11] 赵研. 房屋建筑学[M]. 北京：高等教育出版社，2006.

[12] 彭一刚. 建筑空间组合论[M]. 北京：中国建筑工业出版社，2008.

[13] 黄镇梁. 建筑设计的防火性能[M]. 北京：中国建筑工业出版社，2006.

[14] 张树早. 建筑防火设计[M]. 北京：中国建筑工业出版社，2009.

[15] 龙惟定，武播. 建筑节能技术[M]. 北京：中国建筑工业出版社，2009.